Cold Dish and Cold Noodles of The World

世界
涼菜冷麵
食堂

3步驟完成╳42款百搭醬料，餐餐端出開胃人氣佳餚！

馮炫傑 ── 著

讓滿溢筆記與沾滿油漬醬汁的食譜，
照護大家的飲食生活與健康！

從開始接觸餐飲業後，「烹飪」在我的人生中就一直占有非常重要的地位，而「烹飪」這個技能除了讓我能夠求得溫飽外，帶來的更是一種享受，因為與人分享自己親手烹煮的美食，真的是一種滿滿的成就感；而反之「烹飪」卻也是我一直以來的壓力，而且是非常非常沉重的壓力，想著如何把菜做好、如何讓菜品更接近完美、如何學習新的技能等，都是一種無形的壓力，但也因為這股壓力督促著我，使我愈變愈好、愈變愈強。

在接到橘子文化出版社的邀約後，除了開心外，也擔憂自身的工作，並且需兼顧攻讀博士學位的雙重壓力下，真的非常忙碌。但身為料理人，就如同前段所述，能把美食分享給大家，就是我最大的成就感，而現在只是轉換個方式，用食譜來分享我的美食。因此在答應邀約後，這段時間的假期或休息時間，幾乎全部用在製作料理與確認配方中度過，為的就是提供最棒的食譜配方給讀者，因為若大家能使用這本食譜而製作出美食，同樣的也得到了滿滿的成就感與幸福感，那就是我最大的榮幸！

這本書籍是以「涼拌菜、涼麵」為主題（部分國家稱之冷菜、冷麵），涼拌菜在餐桌上常被當作配角，或是被大家認為只是一道簡單的料理，但也因為它的簡單，在食材的搭配上可以單一呈現，也可以是五花八門的組合，甚至可變化出時尚又新奇的冷菜料理，華麗轉身成餐桌上的主角。因此我更希望這本食譜可涵蓋歐美、亞洲、異國料理的冷菜和涼麵特點，並且需完整的展現出來，同時也希望讓讀者了解，如何在冷菜當中，最大限度保存食物的營養價值和美味，最後也能透過這本食譜實作，讓大家可以自行運用各式的食材，組合出道道傑出又美味的冷菜、涼麵料理，我想這就是烹調的樂趣與魅力所在。

　　回首撰寫食譜的過程，多次只能靠著下班後深夜完成，如今終於到了書籍即將出版的這一刻，過程中的辛苦早已忘記，只剩滿滿的踏實與感謝。首先由衷感謝葉菁燕主編，在書籍撰寫的過程中帶領著我，不時地指點正確的方向與站讀者角度提問，讓我少走許多撰寫上的冤枉路，並更瞭解廚藝新手需要的關鍵細節；感激家人、親友，總是適時的消除我沉重的壓力，讓我無後顧之憂；也感謝臺北科大張仁家學務長、羅東高商陳琨義校長、頭城家商汪冠宏校長與所有的同事們，大家都適時的給予支援，讓我有無限的動力完成這本書；謝謝最給力的學生們，林子翔、任芷鈺、陳柏軒、李妤柔、林恩賢、李孟拮、簡于婷、吳承峰、陳柏諺等，沒有你們的參與及配合，拍攝那幾天，我應該累到用爬的才能上床，你們展現的超高效率，著實讓我嚇了一跳，也讓我深刻的了解，把學生教好真的很重要，因為這時候正好派上用場。

　　最後需感謝的人，就是買了我食譜下廚的大家，期待這本食譜可以讓所有人用到寫了滿溢筆記，沾到滿滿的油漬與醬汁，同時更謝謝您們相信我，並選擇這本食譜來製作美食，不管是自己享用，或是與家人、朋友一起分享，這都是我最大的榮耀及喜悅，我也會期許自己再接再勵，未來能有更多的作品呈現給大家！

國立頭城家商餐飲管理科教師

馮炫傑

烹調前先閱讀

洗淨過程│所有食材切割或烹調前需洗淨並瀝乾，故作法中不贅述洗淨過程。

裝飾食材│您可依材料表所列的裝飾食材適當為料理盤飾，提升視覺價值感，亦可依個人需求減少或省略。

食用分量│涼拌菜可以直接享用，也能當涼麵的配菜，或是三餐的配菜；涼麵則以 2 人吃設定。

涼拌菜冷藏保存│適合當常備菜，待食物完全涼後裝入密封容器中冷藏保存（書中涼拌菜皆標示冷藏天數，仍建議儘快吃完為佳），每次取用的器具不能含任何水分，以免造成食物腐敗。

3 步驟完成│依序準備、烹調、組合，輕鬆完成美味涼拌菜與冷麵。

step 1 準備→切割食材、醃漬等前處理

step 2 烹調→需經過汆燙、煮等步驟。

step 3 組合→食材和醬汁混合後盛盤與適當裝飾。

秤量換算法

1公斤＝1000g・公克＝g

1台斤＝16兩＝600g・1兩＝37.5g

Chapter 3
清爽開胃涼拌菜＆冷盤
Cold Dish

Chapter 4
經典人氣涼麵&冷麵
Cold Noodles

常見蔬果
前處理

蔬菜水果在飲食中是不可或缺的重要食材，並且營養豐富，在享受蔬果美味之前，如何挑選和清洗是很重要的知識，如下提供要訣，讓大家同時吃到美味和營養。

蔬果挑選和清洗

選擇當令盛產蔬果

每種蔬果都有最適合的生長季節，稱為「當令蔬果」，隨著農業技術的進步，栽培非當令蔬果已經非難事，只要想吃的蔬果，幾乎一整年都能吃到。由於非當令蔬果在不適合的季節生長，其體質較弱，通常會噴灑較多的農藥，使能有效對付病蟲害，而且價格比當令蔬果貴些、口感差些，所以選購蔬果仍以當令為佳。

清洗原因

清洗蔬果除了去除灰塵及蟲害外，最重要的是洗除可能殘留在表皮上的農藥，不建議用清潔劑，最好的方法是先用流水沖掉外葉的灰塵，浸泡20分鐘左右再仔細清洗，並且瀝乾水分，再依需要的形狀切割，能避免營養成分流失。

清洗方式

蔬果分類	清洗原則
包葉菜類	例如：包心白菜、高麗菜、結球萵苣等。 去除外葉後剝開每片葉片，放入清水浸泡數分鐘，以流水仔細沖洗。
小葉菜類	例如：青江菜、小白菜、菠菜等。 靠近根蒂處切除，再分開葉片，以流水仔細沖洗。
花果菜類	例如：小黃瓜、甜椒、苦瓜等。 需連皮食用的，可用軟毛刷並以流水輕輕刷洗。甜椒類有凹陷的果蒂易有農藥，應先切除再沖洗。
根莖菜類 需去皮水果	根莖類：蘿蔔、馬鈴薯、菜心類等，需去皮水果：蘋果、柑橘、木瓜等。 表皮用清水稍微洗過，再削除外皮。
不用去皮水果	例如：小番茄、草莓等。 小番茄先浸泡數分鐘後用流水清洗。草莓用濾籃在水龍頭下沖洗過，再浸泡5～10分鐘，以流水逐顆輕輕搓洗。

食材切工和海鮮處理

美味佳餚除了色香味皆到位外,食材的刀工與處理也很重要,刀工好壞會影響視覺和醬汁入味程度、食材處理不乾淨,很容易破壞口感,這裡示範幾種常見刀工和海鮮處理,您只要耐心練習,仍有機會使廚藝精進且烹調更有效率。

刀工說明

切段

舉例 ▶ 青蔥

切法 ▶ 切長4～6公分的直段狀。

蔥花

舉例 ▶ 青蔥

切法 ▶ 先取段狀,再連續切成0.5～1公分的小圈狀。

切條

舉例 ▶ 紅蘿蔔

切法 ▶ 取長4～6公分的段狀,再切成寬0.5～1公分的片狀,接著切成寬0.5～1公分條狀。

切絲

舉例 ▶ 小黃瓜

切法 ▶ 切成4～6公分長、0.2～0.4公分寬的斜片,再切成寬度0.2～0.4的絲狀。

切塊

舉例 ▸ 馬鈴薯

切法 ▸ 切成寬2～4公分的片狀，再切成寬2～4公分的條狀，接著切成2～4公分的方塊狀。

滾刀塊

舉例 ▸ 青蔥

切法 ▸ 一手握著食材，邊滾動邊切成2～4公分的不規則塊狀。

切丁（一開四）

舉例 ▸ 蘑菇

切法 ▸ 以食材的中心切對半，再切對半，形成1～2公分的尺寸。

切碎

舉例 ▸ 蒜仁

切法 ▸ 先用刀背拍壓，再連續切成0.3公分以下碎末狀。

切圈

舉例 ▸ 透抽

切法 ▸ 去除透抽身體的內臟與軟骨並洗淨（外皮去除較白亮，不去除較鮮甜），再切成1～2公分的圈狀。

切片

舉例 ▸ 蓮藕

切法 ▸ 先去皮，再切成寬0.2～0.3的圓片狀。

切半

舉例 ▸ 小番茄

切法 ▸ 去蒂頭後，以食材的中心對半切開後成半圓形。

切菱形片

舉例 ▸ 紅蘿蔔

切法 ▸ 先切成寬0.5～1公分的片狀，再切成寬2～3公分條狀，接著斜切成寬2～3公分的菱形。

切角

舉例 ▸ 檸檬

切法 ▸ 對半切開後，切成適當寬度的塊狀，再切一小角成三角形。

切小朵

舉例 ▸ 青花菜

切法 ▸ 對開後先一朵朵取下，以削皮刀刨去底部粗梗皮，再依烹調需求對切成小朵狀。

花刀

舉例 ▸ 水發魷魚

切法 ▸ 從內側以斜刀切出菱形狀紋路,再切成塊狀。

磨泥

舉例 ▸ 白蘿蔔

作法 ▸ 去皮後切小塊,以磨泥器磨成細泥狀。

海鮮前置

挑除蝦腸泥

舉例 ▸ 草蝦

作法 ▸ 蝦類可依菜餚的需求決定是否去除頭尾與外殼,如果留下頭部,則建議可先剪去鬍鬚與步足,能減少菜色凌亂感。蝦開背後,以牙籤從約第二節刺入並挑出腸泥即可。

吐沙

貝類吐沙

舉例 ▸ 蛤蜊

作法 ▸ 水中加入鹽(以水:鹽=100g:3g拌勻),將蛤蜊放入鹽水,儘量平放不重疊,吐沙1~2小時後洗淨。可放置蓋子或黑布於容器上方,營造出陰暗感,會加速吐沙。

油溫與
裹麵衣三步驟

火候最難掌握的就是油炸溫度，若等到油熱到冒煙才放入食材，就準備用力刷洗噴得到處是油的流理台，而炸物是否成功，則關係油溫運用需得宜。在沒有烹調溫度器的協助下，除非有相當的經驗可以靠火力大小或加熱時間來判斷油溫，否則仍建議透過如下方法辨識。

適合酥炸的油溫

油溫160～180℃

常見油溫分成：溫油60～100℃、中熱油100～140℃、熱油140～180℃、大滾油（起煙）180℃以上，烹調的油炸較常使用的溫度大約160～180℃，示範筷子、食材測試達約180℃油溫給大家參考。

筷子測試法
以竹筷放入油中測試，當筷子周邊出現許多泡泡即是。

食材測試法
將香菜葉、蔥花等放入油鍋測試，當食材進入油鍋後於3秒內浮起即可。

西炸法鎖住美味

油炸除了溫度外，也需注意食材的大小、形狀、含水度等，依此調整時間與火力。油炸方式包含：清炸、乾炸、軟炸、鬆炸或西炸等，這些手法皆是為了讓炸物可依想要的樣貌上桌，比如需沾醬汁，就可選擇乾炸或西炸。

裹麵衣三步驟

依序沾麵粉、蛋液、麵包粉，形成裹衣再油炸，裹麵衣順序不能顛倒，若未按照此順序，容易流失食材水分或肉汁，甚至無法沾黏麵包粉。

1 裹麵粉

麵粉沾不均勻則影響炸後的美觀度，而粉太厚也會導致口感變差。

2 裹蛋液

蛋液是黏著麵粉最佳的黏合劑，若缺它則麵包粉就不會乖乖的黏住。

3 裹麵包粉

麵包粉是炸出酥脆麵衣的關鍵，非沾愈多愈酥脆，若是沾裹太厚的麵包粉，也會影響食用麵衣的口感。

油量夠炸出酥脆

炸物要酥脆好吃，油量必須足夠，油量多能維持溫度，使炸物均勻受熱，也較不容易黏鍋。下油鍋時，避免一次下量太多，容易導致油溫驟降，無法炸出酥脆口感。

炸物和沾醬分開放

炸物盛盤後，若搭配的醬汁屬於偏流質水狀，建議另放容器，以沾食方式呈現，以免酥脆的口感因被醬汁泡軟而消失。

▶ 沾醬可放盤緣或是另裝醬碟，以沾食的方式食用。

炸油過濾與保存

最常聽到不愛油炸的原因，就是炸油的保存很麻煩，記得炸完的油放涼後，就能用細撈網將雜質濾出，再以密封容器保存，能避免蟲害和水的入侵，放置於陰涼處或冷藏，大約可保存14天。若出現油耗味就不要用了，廢油不能直接倒入排水溝，可在倒垃圾時，交給垃圾車清潔員回收。

提升美味辛香料與調味料

　　滿足心情和味蕾的清爽涼拌菜和冷麵，除了有完美配方與流暢作法外，就屬各式辛香料和調味料有小兵立大功的效果，少了它們，總覺得料理少了好幾味，所以別輕忽如下靈魂配角的重要性，並瞭解如何正確使用。

辛香料

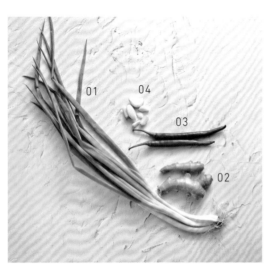

01 青蔥

是許多家庭製作亞洲料理時不可缺少的配料，除了加熱烹調外，也常拿新鮮的青蔥裝飾，或是製作佐料、醬料材料之一等。

02 薑

薑帶點熱辣度，可適當刺激味覺，也是許多料理的重要辛香料，食譜中多以切碎、切片或切絲使用，以達到去腥或開胃的效果。

03 紅辣椒

料理中最能增進食慾的食材之一，而且吃法生熟皆宜。本書的紅辣椒常去除籽，因為辣椒素主要來自辣椒內的辣囊與籽，刮掉就可減少辣度。

04 蒜頭

蒜頭於料理時通常不是主角，但卻是增添美味的重要食材，而且蒜頭一整年都能買到，保存也方便。本書食譜多為將蒜頭去膜（又稱蒜仁）後切碎使用，而切碎後的蒜仁靜置10分鐘左右，可產生成更多的大蒜素，對健康有非常多的益處。

05 白胡椒、黑胡椒

黑胡椒、白胡椒各自有特殊的氣味，在辣味度比較，則白胡椒比黑胡椒溫和些，並在菜色美觀上的考量，白胡椒大部分搭配較淡色的料理。黑胡椒的味道較為嗆辣，也帶有刺激性，更適合搭配肉類的菜餚；本書常於菜餚完成時，加上新鮮現磨的黑胡椒粉，因為如此作法能帶出更多的黑胡椒強烈的香氣。

06 檸檬葉

南洋料理的必備香料，尤其檸檬葉特殊的柑橘香氣，更適合各式的海鮮料理，可去腥並為食物增添香氣，但切記檸檬葉與多數的香料不同之處，它不宜食用，因為不好消化。

07 月桂葉

西式燉煮類料理經常可見月桂葉的身影，不論是肉類、海鮮類或蔬菜料理皆可使用。現今部分中式或台式料理會使用到月桂葉，小小一片，除了可去腥外，也為食物帶來清爽、甘甜的氣味。

08 花椒粒

川菜料理中的經典香料，也是「麻而不辣」的主要原因之一，也代表它烹調後並不會太辣，而是充滿麻的效果。在台灣常見為紅花椒與青花椒，使用上可以將整粒花椒放入油中煮出花椒油，再以花椒油調味各式料理。

09 韓式辣椒粉

具有強烈的辛辣味，也是韓式料理的特色之一，可以廣泛用於多種料理，例如：泡菜、韓式炸雞、韓式炒麵、烤肉等，能夠為食物帶來獨特的風味和香氣，增加食物的美味度。在選用上最常造成困擾即是粗粉與細粉的差別，其實就是以使用上需要的「溶解速度」來決定即可，當然適當混合也是很好的方法。

10
11
12

醬油

10 醬油

醬油是普遍使用於日本、韓國、中國等亞洲地區的調味料，味道濃郁、鹹中帶香，若是陳年醬油更帶有酒香。醬油用量不需太多就能夠達到良好的調味效果，所以建議使用時可以慢慢加，避免一次加太多而過鹹。

11 醬油膏

以醬油為基底製作的稠狀調味醬，帶有黏稠感與甜味，也因此醬油膏的「濃稠口感」非常適合製作沾醬。請注意醬油膏的鹹度與香氣較少，搭配的料理若也偏淡，則需考量要加入其他食材補助。

12 蠔油

醬油、醬油膏與蠔油為三大中式調味料商品，就可看出蠔油的好用程度。蠔油與醬油膏質地皆屬於帶黏稠感，其功用也很廣，味道百搭且帶鮮甜味，非常適合用來為食物提鮮，但需留意蠔油味道濃郁，用量不需太多就能夠達到良好的調味效果。

油類

13 沙拉油

價格親民的沙拉油,因為質地輕,容易與醬汁、香料混合,更可促進食物的味道,所以常用於製作沙拉醬、沾醬,而且沙拉油穩定性好,不容易在高溫下變質,還能用於烹調、煎煮等多種用途。挑選時,以味道清新且外觀清透不混濁或凝固的商品為宜。

14 橄欖油

由橄欖果實榨取的食用油,橄欖油味道清新,不會太過油膩,能夠給食物帶來清新的風味;在台分為不同等級,最常聽到的就是「初榨橄欖油」,而初榨其實有再細分等級,但建議購買時不用一味的追求最高等級,而是依用途及風味挑選適合的橄欖油為佳。

15 香油

市面上的香油大部分由白麻油混合不同比例的大豆油調和而成,也因此色澤上較淡,香油最常扮演菜餚完成時滴幾滴來增加香氣的角色,也能使食物增加光澤度。

16 黑麻油

想到麻油雞當然就會想到黑麻油,也是台灣料理食補常用的油品。黑麻油是由黑芝麻為原料榨取的食用油,色澤為深褐色,而且味道醇厚,其耐高溫穩定性較差,不適合高溫烹調,較適合低溫烹調和調味增香。

17 韓式芝麻香油

由韓國製作的芝麻油,芝麻香油味道濃郁,我常想挑戰使用台灣的芝麻香油取代並製作韓式料理,但香氣與風味就是不一樣,建議可買一瓶使用及品嚐比較,讓您的韓式料理口味更正宗道地。

醋類

18 白醋

白醋是以糯米或糙米等穀物為原料所製成的酸味液體,適合使用於開胃、解膩以及增加酸味的料理,加上它的顏色透明無色,也不會影響食物美觀,在涼拌菜中占有舉足輕重的地位,幾乎各式醃漬小菜都會看到白醋的身影,除了酸味外,也有食物保存的效果。

19 水果醋

如果覺得用白醋、烏醋製作料理較為單調時，不妨考慮偶爾替換成水果醋。水果醋味道更清新，比普通醋更為細膩，尤其是搭配不經加熱烹煮的沙拉醬時，皆是非常適合的風味醋。

20 義大利巴薩米克醋

記得第一次接觸到巴薩米克醋其實是飲品，酸酸甜甜又帶淡淡的花香味，讓我一口就愛上了。在西式料理的運用上，常加入調製完成的醬料中，或是直接淋、沾於食物上，就可以增加食物的口感，使味道更加鮮美，也因其單價較高，也常運用於高級菜餚烹調。

21 烏醋

烏醋成分比白醋多了蔬果液體與辛香料，因此顏色與風味都較豐富些，反之則酸味比白醋淡些、柔和些，也是經常用於料理起鍋前淋上少許，能嗆出香氣。

糖類

22 白砂糖

是二砂精煉而成的糖，脫色後成「白」色，比較下風味也單調些，也因這樣的特性，在烹調更廣泛，並且建議可搭配其他甜味的調味料，例如：味醂、蜂蜜等。

23 冰糖

白砂糖溶解後再結晶即是冰糖，是一種純淨的食用糖，與白砂糖相比，多了清甜、微苦的特殊甜味，常用於燉煮料理或補品時，例如：各式滷汁、冰糖燕窩等。

酒類

24 米酒

屬於釀造酒，是以稻米為主要製酒原料，它獨特的香氣可去腥味，又能讓料理的味道更鮮美。市面上販售的米酒種類相當多，但在烹調時只需米酒為菜餚帶來酒香四溢的效果即可，不需追求太貴的商品。

25 紹興酒

味道比米酒濃厚些，同樣用在去腥與增味，相較米酒的百搭，則紹興酒又偏向適合加入燉煮肉類中。當然也有例外，比如本書的紹興醉蝦，其原因也是希望利用紹興酒味道較重的特性來提味。

26 清酒

來杯清酒吧！清酒雖然常被當成日式飲品，但其實在料理上也是很好用的，甚至在日本有「廚酒」的稱號，用清酒入菜，可去除食材腥味，重點是可以讓清酒中的米香味增添菜餚的層次感。

其他

27 帕瑪森起司粉

起司種類眾多，但國人最常聽到也熟知的就是
「帕瑪森起司」，主要是因為它的味道偏鹹香，
較無讓人沒法接受的臭味，而且屬硬質起司，
風味保存都非常方便。除了直接食用外，也
常入菜加熱，能為料理帶來獨特風味。

28 味醂

帶有甘甜味與酒香氣的味醂，除了帶來甜味
外，更能有效去除食物的腥味，就如同糖加
上米酒的概念，但和米酒相比下，味醂的酒
味較清新且淡雅而不濃烈，也是日式料理不
可缺少的調味品。

29 是拉差香甜辣椒醬

此調味醬含蒜、辣椒等辛香料，味道適中，
既有甜味與辣味，常和烤肉、炸物、沙拉等
食物搭配使用，在許多國家非常受歡迎，但
在台灣卻少人使用，您可試做本書東南亞涼
拌菜、冷麵，就知道它充滿魅力的好滋味。

30 魚露

是魚為原料的調味醬，味道以鹹味和鮮味為
主，常用於中國、越南、泰國、日本和韓國
的料理中。也在此提醒，各國的魚露的口
味、香氣仍有些許差異，若追求正統口味
者，仍建議以標榜該國的魚露為選擇；若不
介意，就選擇方便購買的來源和廠牌來製作
本書食譜中的所有魚露料理。

31 美乃滋

別名又叫蛋黃醬，是以油、蛋、檸檬汁或醋
為主而調製成的調味醬，法式料理常見，但
在台灣餐飲已發展為早餐和沙拉常見的平
民醬料。市售美乃滋種類非常多，口味上有
偏甜、偏酸等的差別，可自行選擇喜歡的，
也是料理的樂趣之一。請放心，只要依食譜
配方製作，都是美味可口的醬汁。

32 番茄醬

許多人對番茄醬最直覺的用法應該就是沾
薯條吧！這也是因為它和醬油膏一樣是帶
黏稠感的調味醬，除了番茄的濃郁香氣外，
酸甜中微帶鹹味，讓它的使用更靈活，進而
成為大家廣泛使用的調味品。番茄醬的口味
可依不同的配料進行調配，比如加入蒜、香
菜、各式香料等，味道可以變得更豐富。

賞心悅目簡易盤飾

「有擺盤多賣一百塊。」是學西餐出身的我很常說的一句話，再加上近幾年帶領學生參與多項廚藝競賽，深知擺盤的重要性，是使菜餚更美觀，也是價值升等的作法，而本書也運用可食用材料為菜餚適當裝飾，提升價值卻不喧賓奪主，相信廚藝新手都可輕鬆學會。

花點巧思盤飾價更高

兼具可食與欣賞食材

建議選擇可吃的食材為主（即兼具食用與欣賞），並且取得方便，本書的裝飾食材皆在賣場或市場可購得，裝飾材料可依個人需求決定，例如：高麗菜絲、番茄片、酸模、巴西里、食用花等，大家可嘗試使用，會有意想不到的效果。另外也注意盤飾的食材需以不出水、味道不過重為重點，以免造成反效果。

▶ 簡易裝飾材料如番茄片、巴西里、食用花等。

盤飾設計刺激食慾

現今的盤飾已到許多先進的技術，比如分子料理帶來的時尚與新穎，但做為家用食譜及一般初學者較困難，於是書中設計方向以不需精雕細琢、過度繁瑣為主，建議可使用手邊稍具濃度的醬汁進行意境畫盤，更能提高效率，例如：巴薩米克醋、番茄醬、蠔油等，或是料理搭配的醬汁也可試試看。

▶ 可分裝小杯，裝飾食用花和捲葉巴西里，比如「果香南瓜片」。

自由創意強化擺盤效果

器皿種類與擺盤呈現也可跳脫思維，若能帶點自由創意的想法更好，例如：平常用碗裝可以換成盤裝、習慣盛一大盤上菜可分裝小杯小碟、常見擺法都圍一圈成圓形可改成半圓形。您只要透過練習，慢慢的強化擺盤能力，我相信您做的餐點會愈來愈精緻，自家餐桌也會變成星級飯店。

▶ 使用調味醬盤飾，「口水雞」以巴薩米克醋畫線。

涼菜冷麵的靈魂醬汁

對於下廚烹調的人而言，除了食材新鮮，更重要的是醬汁，它是料理美味的重要因素。由於世界各地文化及產物的不同，發展出各式風味的醬汁，可用於現拌涼拌菜和冷麵、醃漬海鮮肉類，或入鍋烹調時的調味。醬汁對料理如此重要，大家就一起來認識書中幾款著名醬汁，但非只適合搭配涼菜或冷麵，拌飯、拌青菜或當麵包抹醬等都可試試看，只要自己覺得對味就好！

亞洲醬汁特色

中台風味

搭配涼拌海鮮和炸物很對味的「五味醬」，例如：五味軟絲、五味花枝，還有蒜泥白肉沾「蒜蓉醬」也非常速配。蘊含濃濃芝麻香味的「芝麻醬」，適合做涼麵拌醬，或淋在雞絲、肉片、小黃瓜或豆腐上。

日韓風味

日式醬汁代表「和風醬、日式味噌醬」，穩重的醬香氣，搭配沙拉和蔬菜都適合，也可當涼麵淋醬。「韓式涼拌辣醬」是韓式料理的萬用醬，不管是海鮮、肉類、年糕、炒飯、涼拌等皆可使用。

東南亞風味

非常開胃的「泰式酸辣醬」，可用在涼拌海鮮、拌麵或河粉等。「越式辣醬、越式涼拌醬」酸甜辣多層次味道，不管配越式冷春捲、海鮮涼拌河粉等，都非常美味。著名東南亞醬汁之一「沙嗲醬」，經常當烤肉醬塗在肉串進行燒烤，也適合當涼麵拌醬。

西式與創意醬汁特色

西式醬汁

美墨料理受歡迎的「莎莎醬」，酸辣帶蔬果鮮甜，除了沾玉米脆片外，也適合做墨西哥雞肉捲餅的抹醬。炸物的最佳沾醬「塔塔醬」，含酸豆和檸檬汁，可以讓炸物吃起更為清爽。義大利麵常用的「肉醬、青醬」，還能用來燉飯，做為披薩皮或麵包抹醬，也相當速配。

創意醬汁

書中也有幾款個人的創意醬汁，可讓大家有新的味蕾享受，比如淡黃色的「南瓜白醬」滑順口感充滿濃郁奶香，適合做為冷麵類或焗烤醬汁。

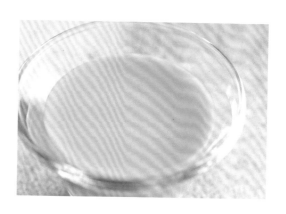

瓶罐消毒與醬汁保存

徽菌和細菌皆是造成食物腐敗的原因，所以醬汁裝入瓶罐前，瓶罐務必先消毒並晾乾，裝醬後密封，以隔絕水氣和空氣，並依醬汁單元所建議的方式和時間保存，能讓醬汁品質較穩定。每台冰箱的環境和溫度不同，書中所列的時間為參考值，仍以實際狀況（聞、看）來判斷。

關於醬汁瓶罐

慎選容器材質

醬汁保存的容器首選以玻璃材質的瓶罐為佳，其特色可防止醬汁變質，若是透明瓶罐更能清楚觀察內容物的狀態。不屬於「酸性」的菜色或醬汁，也可以使用塑膠容器裝盛，但需注意容器是否有完整標示，無法得知材質就不要使用。另外，陶瓷類也是選擇之一，但因價格較高且也容易破碎，仍需小心使用。

簡易瓶罐消毒與裝醬

1 熱水煮消毒

玻璃瓶罐先以溫和的清潔劑洗淨，瓶頸溝槽處也需洗淨，再放入熱水中，以中小火煮約5～10分鐘，若水沒淹過杯子，可隨時將杯口上下互換，瓶蓋可後放，需煮約3分鐘消毒。

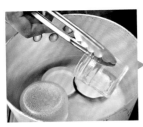 

2 倒扣晾乾

用乾淨的耐高溫夾子取出瓶罐，倒扣待自然乾燥，可利用瓶蓋將倒扣的瓶罐稍微架高，能加快晾乾時間。

3 裝醬密封

充分晾乾後就能裝入放涼的醬汁，並鎖緊瓶蓋即可，保存時間請參考書中每道醬汁的標示。

自製醬保存方式

室溫保存

屬於糖、酸、醋、鹽比例較高的醬汁，可室溫保存，記得放在通風陰涼處避免陽光直射，也不宜放在高溫的瓦斯爐邊或潮濕的水槽下方，這些因素都容易使醬汁變質。

冷藏保存

醬汁含有肉類、生鮮蔬果、奶蛋乳製品等，或是易發酵的醬汁都需冷藏。若是放室溫太久，容易孳生細菌、變質腐敗，所以請儘快於1小時內用完。

冷凍保存

含水量較高或奶蛋乳製品較高的醬汁，不宜冷凍，冷凍後會影響口感和品質。

少量倒出為佳

若是當天未使用完的醬汁，請勿倒回原本瓶罐，可覆蓋保鮮膜再放入冰箱冷藏，能避免水氣、空氣滲入，但仍建議先取少量，不夠再倒一些，並儘快用完為佳。

▶ 記得每次取用時，需拿乾淨無水分油脂的湯匙挖出，取用後，需拿用廚房紙巾將瓶口處擦拭乾淨。

重量 225g

芝麻醬

◆ 冷開水可依個人喜愛的稠度適量增減，醬汁呈現流動感即可。

◆ 市售芝麻醬因為含油脂，會形成油水分離，使用前請務必先搖晃或攪拌均勻。

保存方式

室溫 12 小時　冷藏 14 天　冷凍 6 個月

材料 INGREDIENTS

芝麻醬	100g
醬油	25g
白砂糖	20g
白醋	10g
香油	10g
冷開水	60g

作法 STEP BY STEP

1 全部材料放入調理盆。

2 充分攪拌均勻即可。

亞 ❋ 洲
重量 190g

川味辣醬

保存方式

室溫 3 小時　冷藏 7 天　冷凍 6 個月

材料 INGREDIENTS

沙拉油	40g
花椒粒	10g
烏醋	60g
醬油	20g
辣油	20g
白砂糖	40g

作法 STEP BY STEP

1 鍋中倒入沙拉油，加入花椒粒，以小火炒香後稍微放涼。

2 再和其他調味料攪拌均勻即可。

　◆ 花椒粒也可以用花椒粉 1g 代替，並可省略小火慢慢炒香的過程。

重量 370g

川味麻辣肉醬

保存方式

室溫 1 小時   冷藏 4 天   冷凍 3 個月

材料 INGREDIENTS

A
牛絞肉	150g
豬絞肉	50g

B
沙拉油	20g
花椒粒	5g
豆瓣醬	40g
白醋	10g
醬油	10g
蠔油	10g
辣油	10g
白砂糖	20g
水	50g

作法 STEP BY STEP

1 鍋中倒入沙拉油,加入花椒粒,以小火炒香,加入牛絞肉與豬絞肉,轉中火炒熟。

2 接著加入其他材料B,拌炒至水滾即可放涼。

(炫 傑 師 叮 嚀)

◆ 若擔心花椒粒影響口感,可於花椒粒炒香後濾出,留下花椒油入料理即可。

◆ 花椒粒是川菜料理中的經典香料,麻而不辣,也代表烹調後並不會太辣,而是充滿麻的效果,在台灣常見為紅花椒與青花椒居多。

◆ 希望蒜蓉醬呈現生蒜的香氣，所以蒜碎不需與醬汁一起加熱。

重量 335g

蒜蓉醬

保存方式

室溫 3 小時　冷藏 7 天　冷凍 6 個月

材料 INGREDIENTS

A
蒜仁 30g
B
醬油膏 100g
蠔油 50g
白砂糖 50g
水 100g
香油 5g

作法 STEP BY STEP

1 蒜仁切碎備用。

2 醬油膏、蠔油、白砂糖和水放入鍋中，以小火煮滾，關火。

3 蒜碎與香油立即加入作法2的醬汁，拌勻即可放涼。

重量 340g

口水醬

保存方式

室溫 3 小時　冷藏 7 天　冷凍 6 個月

材料 INGREDIENTS

A
沙拉油	40g
乾辣椒	25g

B
醬油	100g
香油	75g
白砂糖	45g
醬油膏	25g
辣油	25g
雞粉	5g
花椒粉	1g
熟白芝麻	3g

作法 STEP BY STEP

1　鍋中倒入沙拉油，加入乾辣椒，以中小火炒香後放涼，用果汁機打碎備用。

2　待作法 1 微涼立刻倒入調理盆，並加入材料 B 拌勻即可。

（ 炫 傑 師 叮 嚀 ）

◆ 口水醬使用廣泛，可搭配餛飩製作成紅油炒手、雞肉做成口水雞，或是搭配魚即為口水魚。

29

重量 180g

五味醬

保存方式

室溫 3 小時　　冷藏 7 天　　冷凍 6 個月

材料 INGREDIENTS

A
薑	5g
蒜仁	5g
紅辣椒	5g

B
醬油膏	30g
番茄醬	45g
白砂糖	30g
烏醋	30g
香油	15g
泰式辣醬	20g

作法 STEP BY STEP

1 薑去皮後切碎；蒜仁、紅辣椒分別切碎，備用。

2 全部材料放入調理盆，攪拌均勻即可。

炫傑師叮嚀

◆ 不嗜辣者，可去除紅辣椒籽再製作成五味醬。

◆ 調味料中加入「泰式辣醬」增加風味，為多數餐廳喜愛的新式五味醬口味，也可省略此，則屬於傳統口味。

京醬

重量 330g

保存方式

室溫 3 小時　冷藏 7 天　冷凍 6 個月

材料 INGREDIENTS

甜麵醬	200g
細砂糖	60g
水	60g
香油	10g
白胡椒粉	2g

作法 STEP BY STEP

1 鍋中倒入所有調味料。

2 以小火煮滾，關火後放涼即可。

炫傑師叮嚀

◆ 甜麵醬坊間也有不加熱，只用攪拌均勻來完成，但經過加熱的作法，可將甜麵醬獨有的香甜味更加突顯。

紅油醬

重量 225g

保存方式

室溫 12 小時　冷藏 14 天　冷凍 6 個月

材料 INGREDIENTS

辣油	80g
烏醋	80g
醬油	60g
鹽	4g
白胡椒粉	2g

作法 STEP BY STEP

1 全部材料放入調理盆。

2 充分攪拌均勻即可。

炫傑師叮嚀

◆ 紅油醬的辣度來自辣油，可依個人口味適當調整。

◆ 紅油醬是以油類為主體的醬汁，醬汁使用前拌勻（避免油水分離）再倒入料理中，辣辣很開胃，適合製作書中紅油涼麵（P.152）。

重量 535g

炸醬

保存方式

室溫 1 小時　冷藏 4 天　冷凍 3 個月

材料 INGREDIENTS

A

豬絞肉	200g
豆乾	70g
蔥白	10g
紅蔥頭	5g
沙拉油	10g

B

魚露	30g
黑豆瓣醬	20g
甜麵醬	20g
紹興酒	10g
白砂糖	10g
醬油	5g
白胡椒粉	1g
水	150g

(炫 傑 師 叮 嚀)

◆ 炸醬的豬絞肉可選擇豬前腿瘦絞肉。

◆ 豆乾若擔心破碎，可先油炸至酥脆。

◆ 黑豆拌醬若不方便取得，可使用一般豆瓣醬
　或豆腐乳取代。

作法 STEP BY STEP

1 豆乾切約 0.5 公分小丁；蔥白切碎；紅蔥頭去
皮去根部後切碎，備用。

2 鍋中倒入沙拉油，放入豬絞肉，以中小火炒熟，
再加入蔥白碎和紅蔥頭碎，繼續炒香。

3 最後加入豆乾丁與材料 B，轉中火拌炒約 5 分
鐘即可放涼。

重量 340g

紅蔥肉燥醬

保存方式

室溫 1小時　冷藏 4天　冷凍 3個月

材料 INGREDIENTS

A
豬絞肉	200g
紅蔥頭	40g
沙拉油	10g

B
醬油	30g
冰糖	10g
白胡椒粉	3g
水	60g

作法 STEP BY STEP

1 紅蔥頭去皮去根部後切碎備用。

2 鍋中倒入沙拉油，加入紅蔥頭碎，以小火炒香，再加入豬絞肉，轉中火炒熟。

3 最後加入材料B，拌炒至收乾即可放涼。

（炫傑師叮嚀）

◆ 豬絞肉可選擇豬前腿瘦絞肉。

◆ 紅蔥頭新鮮現炒較香，亦可使用市售炸好的紅蔥酥，但香氣較不足。

◆ 紅蔥肉燥醬是古早味的家常經典醬料，拌飯、拌麵、拌青菜皆可使用。

重量 480g

紹子醬

保存方式

室溫 1小時　冷藏 4天　冷凍 3個月

材料 INGREDIENTS

A

豬絞肉	200g
黑木耳	30g
青蔥	30g
蒜仁	30g
薑	10g
沙拉油	10g

B

甜麵醬	40g
辣豆瓣醬	20g
醬油	20g
米酒	20g
白砂糖	20g
白胡椒粉	1g
水	60g

炫傑師叮嚀

◆ 紹子麵源自於陝西,切成丁的食材稱臊子,
除了豬絞肉外,其餘材料皆可自由變化,比
如加入香菇小丁、豆乾小丁等。

作法 STEP BY STEP

1 黑木耳切約0.5公分小丁;青蔥、蒜仁分別切
碎;薑去皮後切碎,備用。

2 鍋中倒入沙拉油,加入豬絞肉,以中小火炒
熟,再加入青蔥碎、蒜碎、薑碎,炒香。

3 最後加入黑木耳和材料B,拌炒至收乾即可
放涼。

雲南酸甜醬

重量 190g

材料 INGREDIENTS

醬油	40g
鹽	10g
白砂糖	40g
檸檬汁	60g
香油	20g
辣油	20g

作法 STEP BY STEP

1 全部材料放入調理盆。

2 充分攪拌均勻，將檸檬籽濾除即可。

炫傑師叮嚀

◆ 雲南酸甜醬以酸味、甜味與辣味為主，適合搭配涼麵外，也可以做為肉片、魚片的沾醬，除了可中和肉品的油膩感外，口味上更加清爽。

味噌芝麻醬

重量 260g

材料 INGREDIENTS

味醂	30g
白醋	60g
白砂糖	10g
白味噌	120g
芝麻醬	40g

作法 STEP BY STEP

1 調理盆中加入味醂、白醋與白砂糖，先拌勻讓糖微溶化。

2 再加入白味噌和芝麻醬，拌勻即可。

炫傑師叮嚀

◆ 味噌與芝麻醬皆屬濃厚質地，若製作較大量且不易拌開時，也可以使用果汁機打均勻，更加省時省力。

重量 230g

和風醬

保存方式

室溫 12 小時　冷藏 14 天　冷凍 6 個月

材料 INGREDIENTS

和風醬油	60g
味醂	60g
白醋	40g
檸檬汁	20g
橄欖油	40g
熟白芝麻	10g

作法 STEP BY STEP

1 全部材料放入調理盆。

2 充分攪拌均勻即可。

炫 傑 師 叮 嚀

◆ 若使用一般醬油,可將配方的和風醬油改為醬油50g。

◆ 和風醬口感清爽也含芝麻香氣,適合搭配書中和風蔬果沙拉(P.100)。

重量 155g

和風醋拌醬

保存方式

室溫 12小時　冷藏 14 天　冷凍 6 個月

材料 INGREDIENTS

紅辣椒	6g
味醂	60g
番茄醬	60g
白醋	20g
香油	10g

作法 STEP BY STEP

1 紅辣椒切碎備用。

2 全部材料放入調理盆,攪拌均勻即可。

炫 傑 師 叮 嚀

◆ 不嗜辣者,可去除辣椒籽。

◆ 配方中加入番茄醬,有台式五味醬的影子,可搭配各式海鮮。

重量 255g

日式胡麻醬

保存方式

室溫 20分鐘　冷藏 3天　冷凍 NO

材料 INGREDIENTS

白芝麻	20g
美乃滋	200g
醬油	10g
白醋	10g
白砂糖	10g
黑麻油	6g
鹽	2g

作法 STEP BY STEP

1　鍋中不加油直接放入白芝麻，以小火炒香至微出油後關火。

2　將炒好的白芝麻磨碎備用。

3　全部材料放入調理盆，攪拌均勻即可放涼。

（炫 傑 師 叮 嚀）

◆ 若不操作白芝麻炒製與磨碎的過程，可以市售芝麻醬10g取代即可。

重量 180g

日式味噌醬

保存方式

室溫 20 分鐘　　冷藏 14 天　　冷凍 6 個月

材料 INGREDIENTS

白味噌	100g
味醂	40g
香油	20g
醬油	10g
白砂糖	10g

作法 STEP BY STEP

1 全部材料放入調理盆。

2 充分攪拌均勻即可。

炫傑師叮嚀

◆ 市面上有不同廠牌的味噌，口感、口味皆有些許差異，本食譜是使用鹹味較重的淡色味噌，故不再以鹽調味，可依個人口味喜好適量增加鹹度。

重量 220g

日式薑汁

保存方式

室溫 3小時　冷藏 7天　冷凍 6個月

材料 INGREDIENTS

薑	20g
柴魚高湯	150g→P.60
醬油	20g
紹興酒	20g
白砂糖	10g

作法 STEP BY STEP

1 薑去皮後切小塊。

2 全部材料放入果汁機，均勻打碎，再倒入鍋中，以小火煮滾即可放涼。

炫傑師叮嚀

◆ 日式薑汁可做為沾醬，也可和肉片、肉絲、醃漬海鮮、醃漬肉類等拌炒，都非常有日式風味。

◆ 若當成炒肉醬汁時，製作此食譜時可省略加熱步驟。

亞 * 洲　壽喜燒醬
重量 300g

保存方式

室溫 12 小時　冷藏 14 天　冷凍 6 個月

材料 INGREDIENTS

醬油	100g
味醂	100g
清酒	100g

作法 STEP BY STEP

1　全部材料放入調理盆。

2　充分攪拌均勻即可。

炫傑師叮嚀

◆ 清酒若不易取得，可使用料理米酒取代，但香氣不同，讀者可自行考量。

◆ 味醂與清酒都需煮滾讓酒精揮發，但此醬通常搭配需加熱的菜餚（壽喜燒牛肉冷拌麵 P.166），於使用時再煮滾，所以這裡的作法不需加熱，並可省略放涼的時間。

亞 * 洲　韓式涼拌辣醬
重量 190g

保存方式

室溫 12 小時　冷藏 14 天　冷凍 6 個月

材料 INGREDIENTS

韓式辣椒粉	30g
白砂糖	60g
韓式芝麻油	30g
白醋	60g
熟白芝麻	10g

作法 STEP BY STEP

1　全部材料放入調理盆。

2　充分攪拌均勻即可。

炫傑師叮嚀

◆ 韓式芝麻油與台灣香油或麻油的香氣仍有大不同，建議正宗口味仍需使用韓式芝麻油。

◆ 此醬的熟白芝麻可先不加，使用醬汁拌菜餚時可彈性決定搭配的菜色，比如書中韓式辣蘿蔔（P.97），就不需醬汁中的熟白芝麻。

重量 460g

打拋豬肉醬

保存方式

室溫 1小時　冷藏 4天　冷凍 3個月

材料 INGREDIENTS

A

豬絞肉	200g
小番茄	50g
洋蔥	50g
九層塔	40g
紅辣椒	30g
蒜仁	10g
沙拉油	10g

B

檸檬汁	30g
魚露	12g
醬油	7g
米酒	5g
蠔油	3g
白砂糖	3g
香油	3g
白胡椒粉	1g
水	20g

> (炫 傑 師 叮 嚀)
>
> ◆ 豬絞肉可選擇豬後腿絞肉。
> ◆ 豬絞肉可炒至微焦，香氣更佳。
> ◆ 九層塔務必炒熟透，能避免放涼後葉片變黑褐色。

作法 STEP BY STEP

1 小番茄對半切開；洋蔥去皮後切約1公分小丁；九層塔去梗留葉；紅辣椒切斜片；蒜仁切碎，備用。

2 鍋中倒入沙拉油，加入豬絞肉，以小火炒香至熟，再加入洋蔥丁、紅辣椒片與蒜碎，轉中火炒香。

3 最後加入材料 B 和九層塔葉，拌炒至收乾即可放涼。

重量 335g

沙嗲醬

保存方式

室溫 20分鐘　冷藏 3天　冷凍 1個月

材料 INGREDIENTS

A

洋蔥	30g
薑	5g
香茅	10g
紅辣椒	10g
蒜仁	5g

B

花生醬	70g
牛奶	120g
椰漿	50g
沙拉油	10g
白砂糖	10g
醬油	10g
是拉差香甜辣椒醬	5g

作法 STEP BY STEP

1 洋蔥、薑去皮後切1公分塊狀；香茅、紅辣椒切1公分，備用。

2 全部材料放入果汁機，均勻打碎。

3 再倒入鍋中，以中小火邊煮邊攪拌至滾即可。

炫傑師叮嚀

◆ 辛香料先切塊，可方便放入果汁機時更快打碎。

◆ 沙嗲醬倒入鍋中煮時，必須不停攪拌，能避免鍋底燒焦。

◆ 這款醬汁除了適合搭配涼麵外，若想當沾醬使用（沾薯條、麵包等），可去除配方的牛奶，質地會較濃稠。

重量 150g

泰式酸辣醬

保存方式

室溫 12小時　冷藏 14天　冷凍 6個月

材料 INGREDIENTS

A
蒜仁	20g
紅辣椒	10g
香菜葉	10g
紫洋蔥	20g

B
魚露	40g
檸檬汁	30g
白砂糖	20g
鹽	2g
白胡椒粉	1g

作法 STEP BY STEP

1　蒜仁、紅辣椒、香菜葉分別切碎；
　紫洋蔥去皮後切碎，備用。

2　全部材料放入調理盆，攪拌均勻
　即可。

炫 傑 師 叮 嚀

◆ 紫洋蔥可以用白色洋蔥取代。
◆ 辣椒帶籽切碎，能增加醬汁辣度。

重量 220g

越式辣醬

保存方式

室溫 12小時　冷藏 14天　冷凍 6個月

材料 INGREDIENTS

紅辣椒	20g
蒜仁	20g
白砂糖	60g
魚露	60g
檸檬汁	60g

作法 STEP BY STEP

1 紅辣椒去籽後切碎；蒜仁切碎，備用。

2 全部材料放入調理盆，攪拌均勻即可。

(炫 傑 師 叮 嚀)

◆ 此醬需要一定辣度，建議紅辣椒不去籽直接切碎，更可突顯辣味。

是拉差越式辣醬

◆ 是拉差甜辣椒醬中已有蒜、辣椒等辛香料，故使用此醬拌菜餚時，可省略這兩種辛香料。

保存方式

室溫 12 小時　冷藏 14 天　冷凍 6 個月

材料 INGREDIENTS

是拉差香甜辣椒醬	60g
檸檬汁	60g
魚露	40g
白砂糖	30g
冷開水	120g

作法 STEP BY STEP

1 全部材料放入調理盆。

2 充分攪拌均勻即可。

越式涼拌醬

材料 INGREDIENTS

白砂糖	60g
魚露	60g
檸檬汁	60g
冷開水	60g

作法 STEP BY STEP

1 全部材料放入調理盆。

2 充分攪拌均勻，將檸檬籽濾除即可。

保存方式

室溫 12 小時　冷藏 14 天　冷凍 6 個月

◆ 本配方與越式辣醬相似，但有少數人對於越式風味中的酸味或魚露味較不能接受，可試著使用本配方，再以冷開水60g至120g調整至可接受的味道，更接近大眾口味。

重量 300g
（牛番茄去皮去籽，重量非食材總重）

莎莎醬

保存方式

室溫 3 小時　冷藏 7 天　冷凍 6 個月

材料 INGREDIENTS

A

牛番茄	4 個（400g）
洋蔥	30g
蒜仁	20g
香菜葉	5g
紅辣椒	5g

B

橄欖油	30g
檸檬汁	20g
鹽	5g
白胡椒粉	2g

作法 STEP BY STEP

1 牛番茄去蒂頭，用刀子將番茄的底部輕劃十字，再放入滾水，以大火汆燙 20 秒後取出，放入冰水冰鎮約 1 分鐘，番茄皮就能輕鬆剝下來。

2 洋蔥去皮後切碎；蒜仁切碎；香菜葉切碎；紅辣椒去籽後切碎；去皮的番茄去籽，將果肉切成約 0.5 公分小丁，備用。

3 全部材料放入調理盆，攪拌均勻即可。

（炫 傑 師 叮 嚀）

◆ 食用前可放入冰箱，冰涼更好吃。
◆ 香菜可使用九層塔取代，享用不同風味。
◆ 此醬完成的重量指牛番茄去皮去籽的重量，非食材原本總重。

千島醬

重量 370g

保存方式

室溫 20分鐘　冷藏 3天　冷凍 NO

材料 INGREDIENTS

酸黃瓜	10g
洋蔥	30g
美乃滋	250g
番茄醬	80g
鹽	2g
白胡椒粉	1g

作法 STEP BY STEP

1 酸黃瓜切碎；洋蔥去皮後切碎，備用。

2 全部材料放入調理盆，攪拌均勻即可。

（炫傑師叮嚀）

◆ 番茄醬用量可依個人口味適當調整。

◆ 洋蔥碎與酸黃瓜碎皆屬於容易出水食材，若需放置較久，可先用手將其水分擠乾後，再和其他材料拌勻。

重量 280g

凱薩醬

保存方式

室溫 20 分鐘　冷藏 3 天　冷凍 NO

材料 INGREDIENTS

A
蒜仁	5g
醃漬鯷魚罐頭	2 片（5g）

B
美乃滋	240g
帕瑪森起司粉	15g
梅林辣醬	5g
法式芥末籽醬	5g
鹽	3g
白胡椒粉	2g

作法 STEP BY STEP

1 蒜仁切碎備用。

2 醃漬鯷魚與蒜碎放入調理盆，壓碎並拌勻。

3 再加入材料B，攪拌均勻即可。

> **炫 傑 師 叮 嚀**
>
> ◆ 若需調整濃稠度，可適量加入飲用水調整。
>
> ◆ 帕瑪森起司粉除了直接拌入醬中，也常撒在義大利麵或披薩上，或是入菜加熱，能為料理帶來獨特風味。

重量 500g

義大利肉醬

保存方式

室溫 1小時　冷藏 4天　冷凍 3個月

材料 INGREDIENTS

A

洋蔥	60g
西洋芹	40g
紅蘿蔔	40g
蒜仁	15g
全粒番茄罐頭	50g
橄欖油	50g
牛絞肉	100g

B

番茄糊罐頭	30g
紅酒	60g
蔬菜高湯	200g→ P.59

C

月桂葉	1g
義大利綜合香料	1g
紅甜椒粉	1g
鹽	6g
白胡椒粉	2g

炫傑師叮嚀

◆ 蔬菜高湯可用水取代。

◆ 未食用牛肉者，也可以調整為豬肉，肥瘦比例可抓 3：7。

作法 STEP BY STEP

1 洋蔥去皮後切碎；紅蘿蔔去皮後切碎；西洋芹、蒜仁、全粒番茄分別切碎，備用。

2 鍋中倒入橄欖油，加入牛絞肉，以中火炒熟，再放入洋蔥碎、紅蘿蔔碎、西洋芹碎與蒜碎，炒至軟化。

3 接著加入番茄碎、番茄糊炒勻，再倒入其他材料B煮滾，最後加入材料C，轉小火燉煮30分鐘即可放涼。

重量 265g

義大利青醬

保存方式

室溫 1天　冷藏 7天　冷凍 30天

材料 INGREDIENTS

九層塔	60g
松子	24g
蒜仁	18g
橄欖油	120g
起司粉	36g
鹽	6g
白胡椒粉	3g

（ 炫 傑 師 叮 嚀 ）

◆ 橄欖油可依喜歡的稠度決定使用量的多寡。

◆ 松子若取得不易，可換成其他堅果，例如：
　花生、核桃、腰果等。

◆ 九層塔可放入滾水，以中火汆燙約3秒，撈
　出泡冰水後再使用，青醬可更加鮮綠。

作法 STEP BY STEP

1　九層塔去梗留葉後洗淨，用擦手紙擦乾備用。

2　松子放入乾鍋，以小火炒香後關火。

3　全部材料放入果汁機，均勻打碎即可。

重量 345g

義式油醋醬

保存方式

室溫 12小時　冷藏 14天　冷凍 6個月

材料 INGREDIENTS

蒜仁	20g
橄欖油	240g
義大利巴薩米可醋	80g
鹽	4g
白胡椒粉	2g

作法 STEP BY STEP

1　蒜仁切碎備用。

2　全部材料放入調理盆，攪拌均勻即可。

(炫 傑 師 叮 嚀)

◆ 此醬使用前必須再攪拌均勻，避免分層。

◆ 義大利巴薩米可醋亦可調整為水果醋、紅酒醋、白酒醋，皆有不同風味與效果。

義式果醋醬

保存方式

室溫 12 小時　冷藏 14 天　冷凍 6 個月

材料 INGREDIENTS

水果醋	100g
橄欖油	30g
鹽	10g

作法 STEP BY STEP

1　全部材料放入調理盆。

2　充分攪拌均勻即可。

（炫傑師叮嚀）　◆ 本配方為拌麵醬之配方，非沙拉醬汁（油的比例較高），
所以水果醋的比例會偏高，拌麵才夠味。

松露風味醬

保存方式

室溫 3 小時　冷藏 7 天　冷凍 6 個月

材料 INGREDIENTS

松露醬	100g
橄欖油	10g
鹽	6g
白胡椒粉	2g

作法 STEP BY STEP

1　全部材料放入調理盆。

2　充分攪拌均勻即可。

（炫傑師叮嚀）　◆ 此醬基本上以市售松露醬為主，建議不需提前開封，可於
搭配菜餚前再依比例製作即可，能增加保存期限。

西 ✳ 式

重量 210g

塔塔醬

保存方式

室溫 20分鐘　冷藏 3天　冷凍 NO

材料 INGREDIENTS

A

水煮蛋	1/2個→ P.172
洋蔥	40g
酸豆	20g

B

美乃滋	120g
檸檬汁	10g
鹽	1g
白胡椒粉	1g

作法 STEP BY STEP

1　水煮蛋去殼後切碎；洋蔥去皮後切碎；酸豆切碎，備用。

2　全部材料放入調理盆，攪拌均勻即可。

(炫 傑 師 叮嚀)

◆ 塔塔醬切碎後的材料務必瀝乾水分，再拌入美乃滋中。

◆ 若立刻食用不存放，則配方中可加入捲葉巴西里碎2g，增加香草香氣。

重量 115g

柚香果醋醬

保存方式

室溫 1 天　冷藏 7 天　冷凍 30 天

材料 INGREDIENTS

柚子醬	60g
金桔汁	20g
橄欖油	20g
醬油	10g
水果醋	5g

作法 STEP BY STEP

1　全部材料放入調理盆。

2　充分攪拌均勻即可。

(炫 傑 師 叮 嚀)

◆ 若遇到柚子產季時，可以將配方中的柚子醬更改為新
鮮柚子果肉 50g、果糖 10g 即可。

重量 95g

咖哩美乃滋

保存方式

室溫 20 分鐘　冷藏 3 天　冷凍 NO

材料 INGREDIENTS

美乃滋	60g
白酒	20g
蜂蜜	15g
咖哩粉	1g

作法 STEP BY STEP

1　全部材料放入調理盆。

2　充分攪拌均勻即可。

(炫 傑 師 叮 嚀)　◆ 咖哩粉可挑選不同廠牌或
辣度，皆有不同風味呈現。

重量 500g

南瓜白醬

保存方式

室溫 20 分鐘　冷藏 3 天　冷凍 1 個月

材料 INGREDIENTS

A
南瓜丁（已去皮去籽）	150g
紅蘿蔔	35g
洋蔥	25g

B
無鹽奶油	20g
水	250g
動物性鮮奶油	70g
鹽	2g
白胡椒粉	1g

作法 STEP BY STEP

1　紅蘿蔔去皮後切塊；洋蔥去皮後切片，備用。

2　鍋中倒入奶油，加入洋蔥片，以中火炒至軟化，再放入南瓜丁與紅蘿蔔丁，炒約3分鐘，倒入水煮約15分鐘，關火。

3　將作法2材料倒入果汁機，攪打均勻成泥狀，再倒回鍋中，加入鮮奶油、鹽與白胡椒粉，以中火煮滾後放涼即可。

炫傑師叮嚀　◆ 鮮奶油需使用動物性鮮奶油為佳，動物性由新鮮牛奶中萃取出來的乳脂，奶香味較濃郁滑順。

重量 200g

酒香鯷魚醬

保存方式

室溫 3 小時　冷藏 7 天　冷凍 6 個月

材料 INGREDIENTS

A
蒜仁	15g
洋蔥	50g
醃漬鯷魚罐頭	4片（10g）

B
無鹽奶油	20g
白酒	30g
水	70g
鹽	3g
白胡椒粉	2g

作法 STEP BY STEP

1 蒜仁切碎；洋蔥去皮後切碎，備用。

2 鍋中放入奶油，加入洋蔥碎、蒜碎與鯷魚，以小火炒香，再倒入白酒去漬逼出香味，接著加入水煮滾，關火。

3 將作法 2 材料倒入果汁機，攪打均勻成泥狀，再倒回鍋中，最後加入鹽和白胡椒粉，以中火煮滾即可放涼。

（炫傑師叮嚀）

◆ 醃漬鯷魚罐頭的油料也可一起加入拌炒，增加風味。

◆ 白酒去漬可去腥並取鍋香氣，操作時必須小心，避免油爆情形。

重量 160g

起司奶醬

室溫 20 分鐘　冷藏 3 天　冷凍 NO

材料 INGREDIENTS

A
培根丁 —————————————————— 10g
B
動物性鮮奶油 ————————————— 120g
帕瑪森起司粉 ————————————— 40g
鹽 ——————————————————————— 2g
白胡椒粉 ———————————————— 2g

作法 STEP BY STEP

1 培根丁以中小火煎香。

2 再加入全部材料B拌勻，以小火稍微
煮至起司粉熔化即可放涼。

(炫 傑 師 叮 嚀)　◆ 注意火候大小與溫度，只需小火將起司粉煮熔化即可，不需煮滾。

重量 270g

梅汁

保存方式

室溫 3 小時　冷藏 7 天　冷凍 6 個月

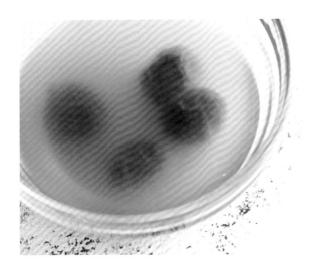

材料 INGREDIENTS

紫蘇梅 ——————————————————— 6 粒
水果醋 ——————————————————— 50g
柴魚高湯 ————————— 200g → P.60
白砂糖 —————————————————— 20g

作法 STEP BY STEP

1 鍋中倒入全部材料。

2 以小火煮滾即可放涼。

(炫 傑 師 叮 嚀)

◆ 梅汁也適合拿來調製飲品，配方中的高湯改成
開水，拌勻後冰涼，開胃解渴。
◆ 紫蘇梅也可換成話梅，若使用話梅必須留意有
偏甜或偏鹹的口味，配方中的糖可依紫蘇梅或
話梅口味適當調整。

重量 140g

雞尾酒醬

保存方式

室溫 12小時　冷藏 14天　冷凍 6個月

材料 INGREDIENTS

洋蔥	20g
番茄醬	100g
辣根醬	10g
檸檬汁	5g
白蘭地	5g
鹽	1g
白胡椒粉	1g

作法 STEP BY STEP

1 洋蔥去皮後切碎備用。

2 全部材料放入調理盆，攪拌均勻即可。

（炫 傑 師 叮 嚀）

◆ 若需增加辣味，可以使用辣椒水（Tabasco）來調整辣度。

重量 3000g

蔬菜高湯

保存方式

室溫 3 小時　冷藏 7 天　冷凍 6 個月

材料 INGREDIENTS

A
紅蘿蔔	180g
洋蔥	380g
西洋芹	180g
青蒜苗	100g

B
水	3000g
月桂葉	3g
白胡椒粒	3g

作法 STEP BY STEP

1 紅蘿蔔（可帶皮）切約 2 公分塊狀；洋蔥去皮切約 2 公分塊狀；西洋芹、青蒜苗分別切約 2 公分塊狀，備用。

2 鍋中倒入材料 B 與作法 1 材料，以中火煮滾，轉小火續煮 30 分鐘，關火後過濾即可。

（ 炫 傑 師 叮 嚀 ）

◆ 此款蔬菜高湯的材料以西式為基底，若想製作中式蔬菜高湯，則將西洋芹與香料去除，調整為白蘿蔔、香菇柄、高麗菜梗、玉米即可。

◆ 蔬菜可以使用烹調食材時切下的邊角料，例如：蘿蔔皮、洋蔥頭等。

重量 3400g

柴魚高湯

保存方式

室溫 3 小時　冷藏 7 天　冷凍 6 個月

材料 INGREDIENTS

A

乾昆布	30g
水	3000g
柴魚片	30g

B

白砂糖	30g
味醂	200g
醬油	250g

作法 STEP BY STEP

1 乾昆布與水放入鍋中，以中火煮滾，轉小火續煮10分鐘。

2 再放入材料B，煮滾後關火，最後加入柴魚片，靜置約2分鐘，過濾即可。

（ 炫 傑 師 叮 嚀 ）

◆ 過濾高湯時，不宜大力晃動湯汁，可減少柴魚片的雜質。

重量 3000g

雞高湯

保存方式

室溫 1 小時　冷藏 4 天　冷凍 3 個月

材料 INGREDIENTS

A
雞骨	500g
紅蘿蔔	100g
洋蔥	200g
西洋芹	100g
青蒜苗	80g

B
月桂葉	3g
白胡椒粒	3g
水	3000g

作法 STEP BY STEP

1 紅蘿蔔（可帶皮）切約 2 公分塊狀；洋蔥去皮切約 2 公分塊狀；西洋芹、青蒜苗分別切約 2 公分塊狀，備用。

2 雞骨洗淨後放入滾水，以大火汆燙約 30 秒後取出，洗淨並瀝乾備用。

3 雞骨、所有蔬菜與材料 B 放入鍋中，從冷水以中小火煮滾，轉小火續煮 90 分鐘，關火後過濾即可。

(炫傑師叮嚀)　◆ 雞骨清洗時，雞內臟必須確實摘除，可降低高湯混濁度。
　　　　　　　　◆ 烹煮過程，可隨時將多餘油分和泡沫雜質用湯匙撈出。

清爽開胃
涼拌菜＆冷盤

Cold Dish

世界各國涼拌菜冷菜特色

涼拌菜因地區性及呈現形式不同，又稱涼菜、冷盤，廣義指任何溫熱或冷卻後食用的料理。涼拌的食材大部分需經過切工處理成小塊、片、絲、丁、條狀，調味的香辛料則切成碎、斜片等。涼拌是將單一食材或是多種食材混合，並和醬汁或是調味料拌勻的菜餚。

亞洲涼拌小菜嚐食材真味

中台涼拌小菜

中華和台灣料理的涼拌菜最常出現於麵店、餐廳的各式涼菜小菜項目中，或是婚宴的前菜、組合式拼盤（冷盤），有簡單食材的小菜，也有較豐盛可當下酒菜、正餐配菜的「涼拌花生小魚乾、台式泡菜、椒麻牛肚絲、口水雞、雲南大薄片、紹興醉蝦、涼拌海蜇皮」等。

日韓涼拌小菜

日本涼拌菜最大特色即是選擇當令食材，以最簡單的烹調方式或和清爽醬汁拌勻，以保留食材的原味。日本的夏季也屬於炎熱氣候，涼拌菜幾乎會透過醋拌、醃漬或浸煮等方式烹調，有「味噌小黃瓜、芝麻牛蒡、胡麻醬拌肉片」等。提到韓國飲食，多數人會立刻想到許多辣味醃漬小菜，比如「韓式泡菜、黃豆芽、辣蘿蔔」等，韓國小菜種類多，通常會做成常備菜，涼著吃就非常可口。

東南亞酸辣涼菜

由於地形與氣候悶熱，料理多依賴風味強烈的辛香料來促進食慾，例如：胡椒、香茅、檸檬葉、辣椒等，酸辣醬汁經常拌海鮮、青木瓜、多彩蔬食等，辣中帶甜並引起色香味的視覺刺激。

西式冷菜是派對餐會焦點

沙拉是西方國家食用的料理之一，多以新鮮的蔬菜或水果為基底，搭配煮熟的海鮮或肉類，再淋上風味醬汁，也可加些富口感的堅果碎、烘烤過的麵包丁，就成為西式料理中的前菜或冷菜。在派對餐會常出現分裝於小容器的點心，比如「法式魔鬼蛋、鮮蝦雞尾酒盅」，非常好看又方便食用。

涼拌菜爽脆
開胃祕訣

炎炎夏日、火傘高張的夏天很容易讓您沒食慾，此刻吃涼拌菜和冷菜最能解暑和開胃，涼菜除了可以當正餐外，也是便當或餐桌最佳配菜、平時常備菜，涼拌菜更是涼麵的好搭檔！

涼拌菜冷菜方便煮好處多

涼菜通常含許多蔬菜，則所含水分能補充身體因夏天汗多而流失的水分，同時還能提供維生素和礦物質，讓身體維持健康。涼菜不僅製作簡單、少油煙外，並可大量製作存放冰箱，更能符合現代人忙碌緊湊的生活模式，隨時快速拌一拌立即食用。

食材新鮮是美味關鍵

一道菜好吃與否，關鍵就是使用新鮮、當季的食材，讓您只要輕鬆的拌入醬汁，就可享用美味涼拌料理，而食材新鮮除了帶來更多的營養價值，更為料理帶來好風味，同時也降低了食品食用的風險。

免費認識食材的學堂

涼拌料理正好符合如上這些條件，因為沒有太多的加熱處理與需保存的特點，更顯食材新鮮的重要。因此學烹飪的第一步就是要懂得「挑選」，認識每種食材的特點與處理方式，就更能凸顯食材的好滋味，您不妨多到市場走走，就是免費認識食材的最好學堂。

醃漬是涼拌菜入門功夫

烹調總是無法買到剛好的量，下廚後也一定常遇到有食材用不完的困擾，最後就放到壞了，這時候更需要瞭解保存與保鮮技巧來省荷包。當中「醃漬」就是一個非常好用的方式，除了可將用不完的食材經醃漬保存外，也能增強食物的風味、改善口感，並縮短烹調時間。

食材醃漬方法

醃漬是做出好吃涼拌菜的入門功夫，比如以「鹽」抓醃食材，除了增加鹹度外，也可讓食材釋出水分，達到清脆口感，更能有效保存。「白醋」在醃漬中常見，因為它具去苦澀、去腥與殺菌的作用，更可刺激唾液分泌，令人胃口大開，另有「糖、酒、油」等各種醃漬材料，您都可依序嘗試，找出最平衡的方式。

▶ 將鹽加入醃漬食材中，攪拌均勻，醃漬一段時間至食材出水，再用飲用水沖洗並瀝乾。

食材保色清脆 3 大要訣

冷菜常會遇到需要加熱熟成的食材,而較常使用的方式就是用汆燙(煮熟),這時候需要注意「水量」、「滾水」、「冰鎮」的重點。仍需視食材的性質與菜色的呈現,運用不同方式進行調整,比如雞肉就常以非滾水的方式進行熟成;馬鈴薯煮好後泡冰水約 3 分鐘降溫即撈起,以免澱粉質流失太多;茄子汆燙後泡冰水只需降溫即撈起,若泡水太久則色澤易淡化。

▶ 取少許鹽加入熱水中,放入需要燙煮的食材,再撈起並冰鎮。

1訣:水量足夠

任何食材要放入水中汆燙或是煮熟,鍋內水量必須足夠,如此除了可避免水溫下降外,也能讓食材充分均勻受熱。

2訣:燙煮保色

鍋內的水沸騰後再將汆燙食材,如此作法可讓食材保色、保鮮,同時也能使食材瞬間受熱,形體更加固定。燙煮前可在滾水中加入少許鹽,能讓食材保持鮮豔色澤。

3訣:冰鎮爽脆

冰鎮可讓熟化的動作停止,也是食材維持爽脆口感的重要步驟。切割或處理好的食材若不再加熱烹調,則使用冰的飲用水冰鎮。

掌握拌醬的時機

醬汁是菜餚美味的靈魂調味,醬汁到底要先拌、中間拌、最後拌?這個動作也是整道料理成敗的最大關鍵之一,很多時候為了讓食物入味而想提早拌入醬料,反而適得其反,造成口感不佳或味道更重。其實只要瞭解您需要什麼口感,若只需沾於食材表面的醬汁、醃料,就是最後拌入、現拌現吃即可,例如:沙拉。

▶ 像泡菜、醬醃鹹蜆仔、紅酒燉梨、白酒醃香草蘑菇等,就需要一些時間加持,請提早拌入醬汁待入味。

（亞 ✳ 洲）ASIAN

廣式泡菜

2～3人

✳ 冷藏30天

材料 INGREDIENTS

食材

小黃瓜	1根（120g）
紅蘿蔔	100g
白蘿蔔	100g
薑	20g
紅辣椒	20g

醃料

A 鹽	5g
B 白砂糖	50g
白醋	50g
水	50g
鹽	2g

裝飾

香菜葉	1g

作法 STEP BY STEP

1 準備

▸a 小黃瓜去除瓜囊；紅白蘿蔔、薑分別去皮；紅辣椒去籽，全部切成約1.5公分菱形，備用。

▸b 調理盆中放入小黃瓜片、紅白蘿蔔菱形塊，加入醃料A攪拌均勻，醃漬15～20分鐘至出水，再以飲用水沖洗後瀝乾。

2 烹調

將醃料B放入鍋中，以中火煮滾後放涼，即成醃漬醬汁。

3 組合

將醃漬好的全部食材、醃漬醬汁、紅辣椒片與薑片拌勻，冷藏1小時入味即盛盤，裝飾香菜葉。

炫傑師叮嚀

◆ 蔬菜可全部切成滾刀塊或丁塊皆可。
◆ 紅蘿蔔、白蘿蔔若切較大塊，需要更長的時間浸泡才能入味。

1a

1b

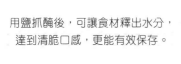
用鹽抓醃後，可讓食材釋出水分，達到清脆口感，更能有效保存。

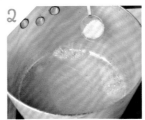

◆ 丁香小魚乾只需沖洗即可，不需泡軟，以免鮮味流失。

◆ 若需辣味，可加入紅辣椒碎20g拌勻即可。

◆ 購買油炸花生必須注意鹹味，調味料的鹽可依此調整使用量。

（亞 ✳ 洲）ASIAN　　🍚 2～3人 ❄ 冷藏 3 天

涼拌花生小魚乾

材料 INGREDIENTS

食材

油炸花生	150g
丁香小魚乾	150g
青蔥	30g
蒜仁	30g
沙拉油	30g

調味料

白砂糖	10g
醬油	10g
鹽	5g
香油	5g

作法 STEP BY STEP

1 準備　青蔥切蔥花；蒜仁切碎，備用。

2 烹調
▶a 鍋中倒入沙拉油，放入丁香小魚乾，以中大火煎炒至酥脆後撈起。

▶b 蔥花、蒜碎放入炒魚乾的鍋子，利用餘油以中火炒香即關火，再加入小魚乾、油炸花生與全部調味料，拌勻後盛盤。

（亞　洲） ASIAN 涼筍沙拉 🥢 2～3人 ❄ 冷藏 2 天

材料 INGREDIENTS

食材
綠竹筍 ———————— 2支（600g）
醬汁
美乃滋 ———————————— 100g
裝飾
美生菜葉 ———————————— 5g

炫傑師叮嚀
◆ 因綠竹筍大小不一，基本上聞到竹筍香氣就熟了。
◆ 關火後讓綠竹筍浸泡湯汁中放到涼，可使竹筍的味道吸收回去，促進竹筍味道更佳。

作法 STEP BY STEP

1 準備
綠竹筍放入鍋中，並加入冷水淹過，加蓋後以中小火燜煮約50分鐘，關火後讓綠竹筍浸泡湯汁中，放涼。

2 組合
▸a 放涼的綠竹筍剝除外殼，並切除底部及外圍較粗糙的部分，再將綠竹筍切成適當的滾刀塊。
▸b 美生菜葉鋪入玻璃杯內緣或盤中，放上竹筍塊，擠上美乃滋即可。

台式泡菜

（亞 ✴ 洲）ASIAN

🍚 2～3人

❄ 冷藏30天

材料 INGREDIENTS

食材

高麗菜	1/4棵（200g）
紅蘿蔔	30g
紅辣椒	10g
蒜仁	10g

醃料

A 鹽	5g
B 白砂糖	150g
白醋	150g
水	50g
鹽	3g

作法 STEP BY STEP

1 準備

▶a 高麗菜切除菜芯後切成一口大小；紅蘿蔔去皮切絲；紅辣椒切斜片；蒜仁切碎，備用。

▶b 調理盆中放入高麗菜、紅蘿蔔絲，加入醃料A攪拌均勻，醃漬15～20分鐘至出水，再以飲用水沖洗後瀝乾。

2 烹調

將醃料B放入鍋中，以中火煮滾後放涼，即成醃漬醬汁。

3 組合

將醃漬好的高麗菜、紅蘿蔔絲、醃漬醬汁、紅辣椒斜片與蒜碎拌勻，冷藏1小時入味即可盛盤。

（炫傑師叮嚀）

◆ 高麗菜用鹽醃漬後，請先用飲用水稍微洗掉，並擠乾備用，以免口味太鹹。

◆ 醃漬醬汁需完全醃過高麗菜才能均勻入味。

◆ 醃漬醬汁可加入1片甘草或1顆話梅，增加不同風味。

(亞洲 ASIAN) 醋拌藕片　🍽 2～3人　❄ 冷藏 5 天

材料 INGREDIENTS

食材

蓮藕	300g
紅辣椒	10g
薑	10g
青蔥	20g

醃料

白砂糖	30g
白醋	30g

作法 STEP BY STEP

1 準備

▸a 蓮藕去皮後切成0.5公分薄片,並泡入清水備用。

▸b 紅辣椒去籽後切絲;薑去皮後切絲;青蔥切絲,備用。

2 烹調

▸a 蓮藕片放入滾水,以中火煮2分鐘至熟,撈起後泡入冰水冰鎮約10分鐘。

▸b 將醃料放入鍋中,以中火煮滾後放涼,即成醃漬醬汁。

3 組合

瀝乾的蓮藕片、醃漬醬汁、紅辣椒絲、薑絲與青蔥絲拌勻,冷藏1小時入味即可盛盤。

炫傑師叮嚀

◆ 蓮藕泡入清水時,可加入適量白醋,以防止藕片氧化變黑。

川味拉皮

2～3人

❄ 冷藏2天

◆ 雞胸肉可以小火煮約2分鐘，關火後浸泡約8分鐘至熟，更能改善肉質乾澀口感。

(炫傑師叮嚀) ◆ 煮雞胸肉也可加入少許薑片、米酒，去除肉腥味。

◆ 綠豆粉皮與雞絲建議當天現做現吃，因放久會影響口感與風味。

材料 INGREDIENTS

食材

雞胸肉	1片（100g）
綠豆粉皮（乾）	20g
紅蘿蔔	20g
紅辣椒	10g
小黃瓜	40g
青蔥	10g
蒜仁	15g

醬汁

川味辣醬*	80g
芝麻醬*	20g

作法 STEP BY STEP

1 準備

▶a 綠豆粉皮先泡入冷開水約10分鐘變軟，取出再切成條狀。

▶b 紅蘿蔔去皮後切絲；紅辣椒去籽後切絲；小黃瓜、青蔥切絲；蒜仁切碎，備用。

2 烹調

雞胸肉放入滾水，以小火煮約7分鐘至熟，撈起後泡入冰水冰鎮，待雞胸肉涼後剝成絲狀備用。

3 組合

調理盆中放入全部食材、醬汁，混合拌勻即可盛盤。

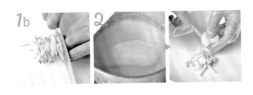

1b 2

✳ 川味辣醬 P.26

✳ 芝麻醬 P.26

香芹涼拌干絲

材料 INGREDIENTS

食材

干絲	200g
台灣芹菜	30g
紅蘿蔔	30g
黑木耳	20g
蒜仁	20g
紅辣椒	10g

調味料

香油	10g
白砂糖	5g
醬油	5g
鹽	5g

作法 STEP BY STEP

1 準備　芹菜切段；紅蘿蔔去皮後切絲；黑木耳切絲；蒜仁切碎；紅辣椒去籽後切絲，備用。

2 烹調
▸a 芹菜絲、紅蘿蔔絲與黑木耳絲放入滾水，以大火汆燙約30秒，撈起並瀝乾。
▸b 原鍋再放入干絲，以大火煮約1分鐘，撈起並瀝乾水分。

3 組合　調理盆中放入作法2全部食材，再加入紅辣椒絲、蒜碎和調味料，攪拌均勻即可。

炫傑師叮嚀

◆ 烹煮干絲的滾水可加入少許小蘇打粉，能增加柔軟口感。

◆ 干絲尚有溫度時拌入調味料，更容易入味。

涼 拌 大 頭 菜

材料 INGREDIENTS

食材

大頭菜	1/2棵（500g）
蒜仁	30g
紅辣椒	15g

醃料

A 鹽	10g
B 白砂糖	20g
白醋	20g
香油	5g

作法 STEP BY STEP

1 準備

▸a 蒜仁切碎；紅辣椒去籽後切碎；大頭菜去皮後切成厚度0.5～1公分片狀，備用。

▸b 大頭菜片和醃料的鹽拌勻，醃漬約30分鐘，再以飲用水沖洗後瀝乾。

2 組合

調理盆中放入全部食材，加入醃料B，攪拌均勻，冷藏1小時入味即可盛盤。

（炫傑師叮嚀）

◆ 可適量加些醬油調整鹹度。

◆ 作法2中拌入適量香菜碎，能增加香氣。

◆ 蕪菁俗名大頭菜，形狀為球形、扁球形、橢圓形，主要是吃它的白色塊根肉質，購買時以拿起來較重為佳，其水分充足、口感較佳。

（亞 ❋ 洲）ASIAN　🍲 4～6人　❄冷藏 3 天

醬 醃 鹹 蜆 仔

材料 INGREDIENTS

食材
蜆仔	600g
水	300g
蒜仁	70g
紅辣椒	20g
薑	60g

醃料
白砂糖	40g
鹽	3g
醬油	500g
米酒	30g
甘草	4片

作法 STEP BY STEP

1 準備
▸a 蜆仔泡水 1 ～ 2 小時，待吐沙後洗淨。
▸b 蒜仁拍扁；紅辣椒切斜片；薑去皮後切片，備用。

2 烹調
可加熱的器皿中放入蜆仔與300g水，並放入滾水中，加上蓋子，以中火隔水加熱法至蜆子出現裂口即關火。

3 組合
蒜仁、紅辣椒斜片、薑和全部醃料放入作法2蜆仔中，拌勻後冷藏2～3小時入味，即可盛盤。

(炫 傑 師 叮嚀)
◆ 蜆仔要用隔水加熱法處理，可不時的觀察，只要蜆仔裂口微開即可，才不會有過熟情形。

(亞※洲) ASIAN

蒜泥白肉

🍚 2～3 人
※ 冷藏 2 天

材料 INGREDIENTS

食材
豬五花肉 ⋯⋯⋯⋯⋯⋯⋯ 300g
煮汁
水 ⋯⋯⋯⋯⋯⋯⋯⋯⋯ 1500g
米酒 ⋯⋯⋯⋯⋯⋯⋯⋯⋯ 30g
薑 ⋯⋯⋯⋯⋯⋯⋯⋯⋯ 20g
青蔥 ⋯⋯⋯⋯⋯⋯⋯⋯⋯ 20g
醬汁
蒜蓉醬＊ ⋯⋯⋯⋯⋯⋯⋯ 100g
裝飾
青蔥絲 ⋯⋯⋯⋯⋯⋯⋯⋯ 5g
紅辣椒絲 ⋯⋯⋯⋯⋯⋯⋯ 3g
香菜葉 ⋯⋯⋯⋯⋯⋯⋯⋯ 3g

作法 STEP BY STEP

1 準備
薑去皮後切片；青蔥切段，備用。

2 烹調
▶a 豬五花肉放入滾水中，以大火汆燙約30秒，取出並用冷水洗淨備用。
▶b 鍋中倒入煮汁煮滾，再放入燙好的豬五花肉，蓋上鍋蓋，以小火煮約20分鐘，關火浸泡15～20分鐘，撈起後泡入冰水冰鎮約10分鐘，瀝乾水分。

3 組合
放涼的豬五花肉切厚度約1公分片狀，盛盤，裝飾青蔥絲、紅辣椒絲與香菜葉，搭配蒜蓉醬食用即可。

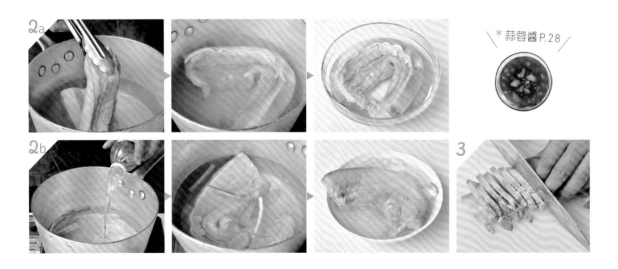

＊蒜蓉醬 P.28

（炫傑師叮嚀）
◆ 取出豬五花肉不需泡冰水，可直接切片食用，以熱菜方式呈現。
◆ 煮肉的過程，豬五花肉可能會浮起，因此必須蓋上鍋蓋，也能達到燜煮的效果。
◆ 烹煮的時間將因豬五花肉的厚薄而增減，建議調整浸泡時間即可。

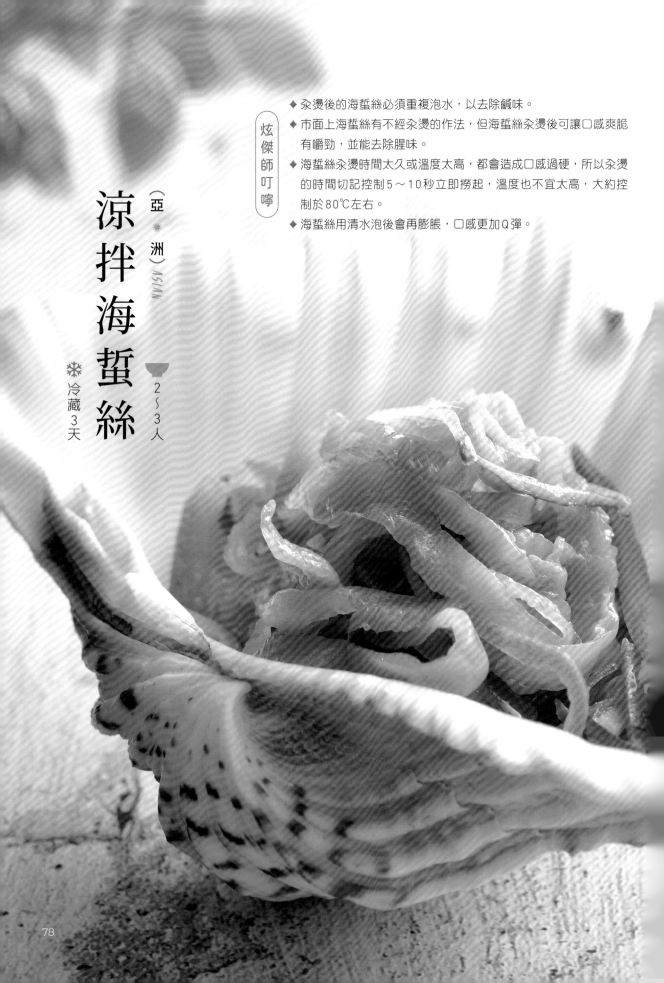

涼拌海蜇絲

（亞 ❋ 洲）ASIAN

🍚 2～3人

❄ 冷藏3天

炫傑師叮嚀

◆ 汆燙後的海蜇絲必須重複泡水，以去除鹹味。

◆ 市面上海蜇絲有不經汆燙的作法，但海蜇絲汆燙後可讓口感爽脆有嚼勁，並能去除腥味。

◆ 海蜇絲汆燙時間太久或溫度太高，都會造成口感過硬，所以汆燙的時間切記控制5～10秒立即撈起，溫度也不宜太高，大約控制於80℃左右。

◆ 海蜇絲用清水泡後會再膨脹，口感更加Q彈。

材料 INGREDIENTS

食材
海蜇皮	300g
小黃瓜	50g
紅蘿蔔	20g
紅辣椒	20g
蒜仁	20g

醃料
白醋	50g

調味料
白砂糖	30g
香油	20g
鹽	10g
辣油	3g

作法 STEP BY STEP

1 準備
▶a 海蜇皮切成寬0.5公分絲狀，用清水浸泡與沖洗數次，可去除鹹味。

▶b 小黃瓜切絲；紅蘿蔔去皮後切絲；紅辣椒去籽後切絲；蒜仁切碎，備用。

2 烹調
▶a 海蜇絲放入80℃熱水中並立即關火，汆燙5～10秒即可撈起，泡於清水中約20分鐘後瀝乾水分。

▶b 將白醋倒入瀝乾的海蜇絲，抓勻後醃漬20分鐘，用清水沖洗，再用飲用水泡1小時備用。

3 組合
調理盆中放入海蜇絲與其他食材，再加入全部調味料，拌勻後冷藏1小時入味即可盛盤。

食材和調味料混合必須均勻，
並放置1小時入味更佳。

（亞　洲）ASIAN 蒜苗拌鴨賞

🍽 2～3人
❄ 冷藏 3 天

材料 INGREDIENTS

食材

鴨賞	300g
蒜苗	60g
薑	10g
蒜仁	10g

調味料

白醋	20g
白砂糖	10g
白胡椒粉	3g
香油	30g

作法 STEP BY STEP

1 準備 蒜苗切斜片；薑去皮後切絲；蒜仁切碎，備用。

2 烹調 將蒸鍋水加熱煮滾，鴨賞放入蒸鍋，以小火蒸約5分鐘，取出放涼後切薄片。

3 組合 調理盆中放入全部食材、調味料，充分拌勻後盛盤。

（ 炫傑師叮嚀 ）

◆ 鴨賞雖然可直接食用與拌其他材料，但稍微加熱能釋出香氣。

◆ 鴨賞以小火蒸就可以，火候太大或蒸太久，則鴨賞會縮起且口感變硬。

（亞 ✳ 洲）ASIAN 蒜香茄子

🥣 2～3 人
❄ 冷藏 2 天

材料 INGREDIENTS

食材

茄子	2 條（300g）
青蔥	10g
紅辣椒	10g

醬汁

蒜蓉醬＊	100g

＊蒜蓉醬 P.28

作法 STEP BY STEP

1 準備
茄子切約 5 公分段狀，再對半切開；青蔥切碎；紅辣椒去籽後切碎，備用。

2 烹調
鍋中倒入少許沙拉油，加入茄子段，以中大火炸約 30 秒至熟，撈起後放涼。

3 組合
放涼的茄子盛入盤中，淋上蒜蓉醬，再撒上青蔥碎和紅辣椒碎即可。

炫傑師叮嚀

◆ 茄子易氧化變色，請於油炸前再切開即可。

◆ 若是以汆燙茄子的方式操作，滾水中可加入少許鹽，可保持鮮豔色澤。汆燙後的茄子泡冰水只需降溫即可取出，若泡水太久，則色澤較易淡化。

◆ 茄子油炸或汆燙時會浮至表面，記得不時的轉動茄子，或以重物下壓入油面或水面下，才會均勻受熱。

椒麻牛肚絲

2～3人

❄ 冷藏5天

炫傑師叮嚀

◆ 牛肚第一次滷15分鐘為去除腥臭
　味，撈出後務必沖洗乾淨。

◆ 牛肚口感偏韌，盛盤時勿切太厚，
　以方便食用。

82

材料 INGREDIENTS

食材

牛肚	300g

煮汁

薑	20g
水	1500g
米酒	30g

滷汁

A 蒜仁	30g
青蔥	20g
薑	20g
沙拉油	30g
花椒粒	5g
B 水	1500g
米酒	50g
醬油	80g
白砂糖	30g
八角	2～3粒（5g）

醬汁

川味辣醬＊	60g

裝飾

青蔥絲	5g

作法 STEP BY STEP

1 準備

▸a 牛肚翻面去除黏膜與肥油，並以白醋將牛肚兩面搓揉後沖水洗淨。

▸b 蒜仁拍過；青蔥切段；薑去皮後切片，備用。

2 烹調

▸a 鍋中加入煮汁的材料煮滾，放入牛肚，以小火煮約15分鐘，取出並用冷水洗淨，瀝乾備用。

▸b 製作滷汁：鍋中倒入沙拉油後，以中火炒香蒜仁、青蔥段、薑片與花椒粒，再加入滷汁B煮滾。

▸c 瀝乾的牛肚放入滷汁，轉中小火滷約90分鐘，撈起後放涼。

3 組合

牛肚放涼後切成條狀，盛盤，再裝飾青蔥絲，搭配川味辣醬食用即可。

＊川味辣醬 P.26

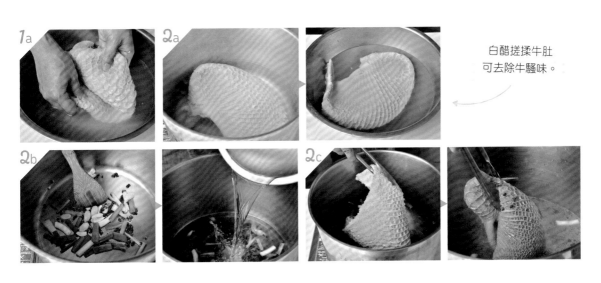

白醋搓揉牛肚可去除牛騷味。

雲南大薄片 （亞洲）

❄ 冷藏2天

2～3人

炫傑師叮嚀

◆ 高麗菜絲也可以改成洋蔥絲。
◆ 豬頭皮薄片可換成培根豬肉片
　 或梅花豬肉薄片。

材料 INGREDIENTS

食材

豬頭皮薄片	300g
高麗菜	100g
蒜仁	15g
紅辣椒	5g
香菜葉	5g
花生碎	20g

調味料

魚露	50g
飲用水	30g
檸檬汁	30g
白砂糖	20g
花椒粉	1g

作法 STEP BY STEP

1 準備
高麗菜切絲後泡入冰水冰鎮；蒜仁切碎；紅辣椒去籽後切碎；取一半香菜葉切碎，備用。

2 烹調
豬頭皮薄片放入滾水，以中火汆燙約10秒至熟，撈起後泡入冰水冰鎮約1分鐘，取出並瀝乾水分。

3 組合
▶a 調理盆中放入蒜碎、紅辣椒碎和香菜碎，並加入調味料拌勻，即成醬汁。
▶b 高麗菜絲瀝乾後鋪入盤中，放上豬頭皮薄片，淋上醬汁，最後撒上花生碎即可。

（亞 ✳ 洲） ASIAN 滷豆乾

🍚 4～6人
❄ 冷藏 5天

材料 INGREDIENTS

食材
黑豆乾 ——————— 300g
滷汁
A 薑 ——————————— 40g
　 青蔥 ——————————— 20g
　 紅辣椒 ————————— 10g
　 沙拉油 ————————— 10g
　 冰糖 ——————————— 80g
B 水 ——————————— 600g
　 醬油 ——————————— 200g
　 八角 ————————————— 5g
　 甘草 ————————————— 5g
　 月桂葉 —————————— 1g

作法 STEP BY STEP

1 準備
薑去皮，取一半切片、一半切絲；青蔥切段；紅辣椒去籽後切斜片，備用。

2 烹調
▶a 黑豆乾放入滾水，以中火煮2～3分鐘至脹大，撈起備用。

▶b 製作滷汁：鍋中倒入沙拉油，以中火炒香薑片、青蔥段與紅辣椒斜片，再加入冰糖炒至微上色，再加入滷汁B和薑絲煮滾。

▶c 將黑豆乾放入滷汁，轉小火煮約15分鐘即關火，讓豆乾浸泡滷汁中待涼，再放入冰箱冷藏一晚。

3 組合
取出浸泡入味的黑豆乾切塊，盛盤，搭配滷汁、薑絲和紅辣椒斜片即可。

炫傑師叮嚀

◆ 黑豆乾可放進冷凍庫一晚，取出等退冰後再滷，更容易吸附滷汁入味。
◆ 黑豆乾先煮過，可以去除雜味和內部的水分，滷製後風味更佳。
◆ 滷汁因鍋子的寬度、大小而影響滷汁的高度，而滷汁至少需淹過豆乾，滷製時可自行倍數調整。

85

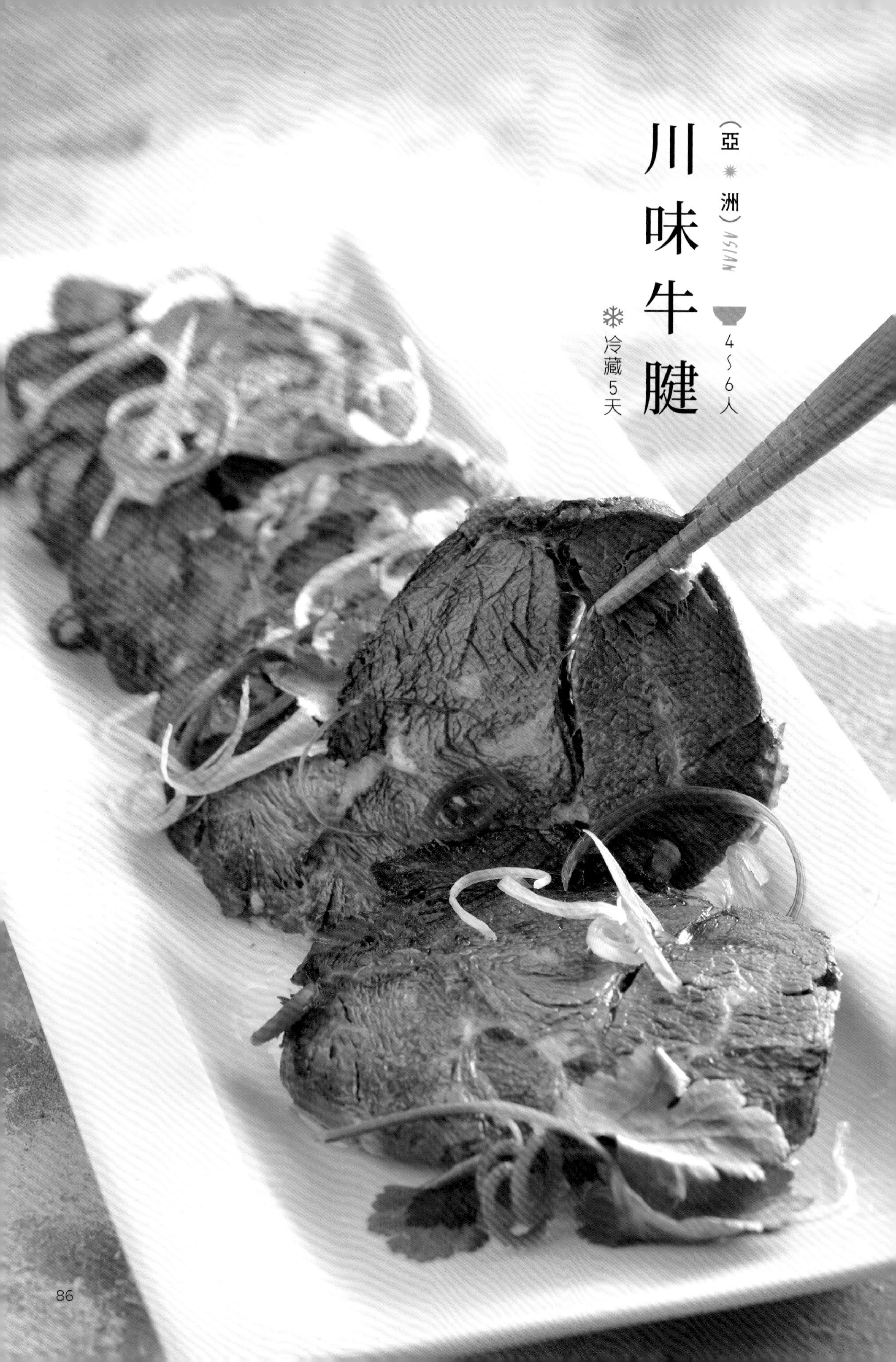

川味牛腱

（亞洲）ASIAN

4～6人

冷藏5天

材料 INGREDIENTS

食材

牛腱	2個（600g）

煮汁

薑	20g
水	1500g

滷汁

A 沙拉油	30g
洋蔥	80g
薑	20g
青蔥	20g
蒜仁	30g
花椒粒	5g
B 水	2000g
米酒	150g
紹興酒	100g
醬油	150g
白胡椒粒	10g
八角	5g
甘草	5g
月桂葉	3g

醬汁

川味辣醬 *	80g

裝飾

青蔥絲	5g
紅辣椒絲	3g

＊川味辣醬 P.26

作法 STEP BY STEP

1 準備 牛腱先去除外圍多餘的脂肪後洗淨；洋蔥、薑分別去皮後切片；青蔥切段；蒜仁拍過，備用。

---

2 烹調

▶a 鍋中加入煮汁材料與牛腱，從冷水開始煮至滾，以中火煮約5分鐘，撈出後用冷水洗淨。

▶b 製作滷汁：鍋中倒入沙拉油，以中火炒香洋蔥片、薑片、青蔥段、蒜仁與花椒粒，再加入水和滷味B煮滾。

▶c 將瀝乾的牛腱放入滷汁，以中小火滷約2小時，關火後浸泡至放涼。

---

3 組合 放涼的牛腱切片，盛盤，裝飾青蔥絲、紅辣椒絲，搭配川味辣醬食用即可。

(炫傑師叮嚀)

◆ 滷汁香料（白胡椒粒、八角、甘草、月桂葉）若不易準備，也可以直接購買市售滷包。

◆ 降溫放涼的牛腱可與滷汁一起冷藏靜置一晚，能促進牛腱更入味，但建議可將滷包與蔬菜取出，能避免苦味產生。

◆ 月桂葉可為料理提香，但不適合食入，主要是因纖維較粗，不易咀嚼和消化，烹調後即可撈除。另一種方式是將月桂葉和其他中藥材香料裝入棉布袋並綁好，一起入鍋燉滷，煮好後直接撈起，就不會散落在整鍋料理中。

（亞※洲）
ASIAN
鹽水雞

2～3人
❄ 冷藏 2 天

材料 INGREDIENTS

食材
去骨仿土雞腿	1支（400g）
小黃瓜	50g
玉米筍	50g
青花菜	50g
黑木耳	30g
紅甜椒	30g

鹽水
水	1000g
鹽	20g

滷水
水	1000g
蔥段	20g
薑片	20g
米酒	30g

調味料
蔥花	30g
蒜碎	30g
白胡椒粉	5g
鹽	5g
香油	15g
滷水（煮雞肉的水）	30g

作法 STEP BY STEP

1 準備
▸a 鹽水材料先拌勻，放入去骨仿土雞腿，浸泡約1小時。
▸b 小黃瓜、玉米筍、青花菜、黑木耳分別切一口大小；紅甜椒去籽後也切一口大小，備用。

---

2 烹調
▸a 將滷水材料煮滾，放入作法1a的雞腿，以小火煮約5分鐘即關火，並上蓋悶10～15分鐘至雞肉熟透，撈起後泡入冰水冰鎮至涼，即可切約1公分塊狀。
▸b 取另一鍋水煮滾，加入少許鹽，再放入作法1b的蔬菜，以中大火煮約2分鐘至熟，撈起後泡入冰水冰鎮。

---

3 組合
調理盆中放入雞腿肉塊、瀝乾的蔬菜，並加入調味料，混合拌勻即可。

炫傑師叮嚀

◆ 雞肉與口水醬未醃漬或浸泡，故
　食用時可將雞肉稍微翻拌，讓每
　塊雞肉皆可沾上醬汁。

材料 INGREDIENTS

食材
去骨雞腿 .... 2支（500g）
青蔥 10g
紅辣椒 10g
醬汁
口水醬 * 150g
裝飾
義大利巴薩米克醋 3g

　　　　　＊口水醬 P.29

作法 STEP BY STEP

1
準備　青蔥切絲；紅辣椒去籽後切絲，備用。

2
烹調　去骨雞腿放入滾水，以小火煮約10分鐘至
　　　熟，撈起後泡入冰水冰鎮至涼，即可切成片。

3
組合　雞腿肉片盛入盤中，淋上口水醬，放上蔥絲
　　　與紅辣椒絲，盤緣用義大利巴薩米克醋畫線
　　　裝飾即可。

（亞 ✳ 洲）
ASIAN
紹興醉蝦

🍚 2～3人
❄ 冷藏 3 天

材料 INGREDIENTS

食材
草蝦⋯⋯⋯⋯⋯⋯⋯⋯ 16尾（480g）
醃料
水⋯⋯⋯⋯⋯⋯⋯⋯⋯⋯⋯⋯ 200g
紹興酒⋯⋯⋯⋯⋯⋯⋯⋯⋯⋯ 300g
薑⋯⋯⋯⋯⋯⋯⋯⋯⋯⋯⋯⋯⋯ 10g
黃耆⋯⋯⋯⋯⋯⋯⋯⋯⋯⋯⋯⋯ 10g
紅棗⋯⋯⋯⋯⋯⋯⋯⋯⋯⋯⋯⋯ 20g
當歸⋯⋯⋯⋯⋯⋯⋯⋯⋯⋯⋯⋯⋯ 3g
枸杞⋯⋯⋯⋯⋯⋯⋯⋯⋯⋯⋯⋯⋯ 5g
鹽⋯⋯⋯⋯⋯⋯⋯⋯⋯⋯⋯⋯⋯⋯ 5g
裝飾
捲葉巴西里⋯⋯⋯⋯⋯⋯⋯⋯⋯ 2g

作法 STEP BY STEP

1
準備　草蝦去鬚和腳後洗淨；薑去皮後切片，備用。

2
烹調
▸a 將草蝦排入盤中，倒入水、紹興酒與薑片，並放上中藥材和鹽。
▸b 待蒸鍋水滾後放進蒸鍋，以中大火蒸8分鐘至熟即關火，讓草蝦直接浸泡放涼，並放入冰箱冷藏一晚。

3
組合　從冰箱取出草蝦後盛盤，裝飾捲葉巴西里即可。

［ 炫傑師叮嚀 ］

◆ 若不喜歡中藥味太重，則中藥材可於進入冰箱冷藏時挑出。
◆ 蒸鍋也可以竹製蒸籠替代，都必須等下鍋水滾後才放上蒸製物，並開始計算蒸製時間。

＊五味醬 P.30

五味醬 P.30

炫傑師叮嚀

◆ 記得將軟絲的軟長骨去除，以免影響口感。

◆ 軟絲的腕足和觸腕，也可切成5公分長度後一起煮熟食用。

◆ 軟絲採花刀切法可沾附更多醬汁，您也能切成任何適合食用的刀法或形狀。

（亞　洲）ASIAN

五味軟絲

❄ 冷藏2天

2～3人

材料 INGREDIENTS

食材

軟絲	300g

煮汁

水	1000g
薑	20g
米酒	30g

醬汁

五味醬*	100g

裝飾

高麗菜絲	20g
生菜片	5g
青蔥絲	3g
番茄片	10g

作法 STEP BY STEP

1 準備
軟絲的腕足與頭部拔開，再抽除軟長骨、內臟與外套膜後洗淨，對切兩半並切花刀，再切小塊；薑去皮後切片，備用。

2 烹調
鍋中放入煮汁的水煮滾，再放入薑片、米酒與軟絲花刀塊，以中小火煮約30秒至熟，撈起後泡入冰水冰鎮至涼。

3 組合
盤中以生菜片、高麗菜絲鋪底，放上作法2瀝乾的軟絲，裝飾番茄片與青蔥絲，並附上五味醬一起食用即可。

◆ 南瓜可以換成青木瓜。

◆ 處理南瓜時必須將內膜去除乾淨，以免產生澀味。

◆ 也可使用百香果醬150g取代新鮮百香果與白砂糖。

果香南瓜片

（亞 ※ 洲）ASIAN

※冷藏5天

2～3人

材料 INGREDIENTS

食材

南瓜 —— 1/4個（400g）

新鮮百香果肉 —— 100g

醃料

鹽 —————————— 5g

調味料

白砂糖 ———————— 10g

裝飾

食用花 ———————— 1g

捲葉巴西里 —————— 2g

作法 STEP BY STEP

1 準備

▸a 南瓜去皮去籽，用削皮刀刨成長條薄片。

▸b 調理盆中放入南瓜片與鹽，攪拌均勻醃漬約10分鐘，再以飲用水沖洗後瀝乾，接著和百香果肉、白砂糖拌勻，冷藏1小時入味。

2 組合

將拌好的作法1b南瓜百香果肉放入玻璃容器或盤中，裝飾食用花、捲葉巴西里即可。

（亞 ✳ 洲）
ASIAN
韓式黃豆芽

🍚 2～3人
❄ 冷藏 5 天

材料 INGREDIENTS

食材

黃豆芽	300g
蒜仁	5g
青蔥	5g

醃料

韓式辣椒粉	10g
韓式芝麻油	15g
鹽	5g

作法 STEP BY STEP

1
準備
黃豆芽去除尾部；蒜仁切碎；青蔥切蔥花，備用。

2
烹調
鍋中倒入水煮滾後，加入少許鹽，再加入黃豆芽，以中火煮4分鐘，撈起沖冷水並瀝乾。

3
組合
調理盆中放入全部食材與醃料拌勻，冷藏1小時入味即可盛盤。

（炫傑師叮嚀）

◆ 黃豆芽煮熟後用冷水沖洗，
　可維持顏色與增加脆度。

（亞 * 洲）
ASIAN

韓 式 泡 菜

🍚 2～3 人
❄ 冷藏 30 天

材料 INGREDIENTS

食材

山東大白菜	1/2棵（900g）

醃料

鹽	20g
薑	10g
蒜仁	30g
冷白飯	15g
水	60g
韓式辣椒粉	50g
韓式魚露	30g
白砂糖	20g

作法 STEP BY STEP

1 準備

▸a 大白菜切除菜芯後切成一口大小；薑去皮，備用。

▸b 調理盆中放入醃料的鹽，攪拌均勻後醃漬約30分鐘至出水，瀝乾水分備用。

▸c 將醃料的蒜仁、薑、冷白飯與水放入果汁機，打勻成泥狀，再拌入白砂糖、韓式辣椒粉和韓式魚露，即成醃漬醬汁。

2 組合

調理盆中放入大白菜，再倒入醃漬醬汁拌勻，冷藏1小時入味即可盛盤。

炫傑師叮嚀

◆ 判斷作法1b的大白菜是否醃漬好，可取1片彎曲白菜的莖，能彎曲而不斷即可。

◆ 醃好的泡菜試吃時需加強口味，可撒入適量鹽調整。

◆ 加入冷白飯可讓泡菜帶來微微的酸味，若喜歡偏甜口味則去除不加。

◆ 食譜配方是半棵山東大白菜量，1棵量配方可將材料表都乘2倍（糖量可依個人口味自行調整），大家可視需要度決定製作量，或是把剩餘半棵拿來做其他烹調，例如：煮火鍋、奶油焗白菜、白菜滷等。

辣醬涼拌櫛瓜

（亞洲）ASIAN

2～3人

❄ 冷藏5天

材料 INGREDIENTS

食材

櫛瓜	1根（250g）
青蔥	10g
蒜仁	15g
熟白芝麻	5g

醃料

韓式辣椒粉	15g
醬油	30g
白砂糖	15g
韓式芝麻油	15g

作法 STEP BY STEP

1 準備　櫛瓜去頭尾後，切成厚度約0.5公分圓片；青蔥切蔥花；蒜仁切碎，備用。

2 烹調　將蒸鍋水加熱煮滾，櫛瓜片放入蒸鍋，以小火蒸約3分鐘至出水後，取出並瀝乾水分。

3 組合　調理盆中放入全部食材與醃料拌勻，冷藏1小時入味即可盛盤。

（炫傑師叮嚀）　◆ 櫛瓜蒸熟後會出水，一定要去除水分，以免影響口感。

（亞 ✳ 洲）ASIAN **韓式辣蘿蔔** 🍚 2～3人
❄ 冷藏 30 天

〔炫傑師叮嚀〕

◆ 白蘿蔔也可切成絲狀
呈現不同的口感，並
且更容易入味。

材料 INGREDIENTS

食材
白蘿蔔 ———————————— 500g
醃料
鹽 ————————————————— 5g
醬汁
韓式涼拌辣醬 * ——————— 150g

＊ 韓式涼拌辣醬 P.40

作法 STEP BY STEP

1
準備

▶a 白蘿蔔去皮後切成 2 ～ 3 公分塊狀。

▶b 調理盆中放入白蘿蔔塊，加入鹽攪拌均
勻，醃漬約10分鐘至出水，再以飲用水
沖洗後瀝乾。

2
組合

調理盆中放入白蘿蔔塊與韓式涼拌辣醬，拌
勻後冷藏 3 小時入味即可盛盤。

（亞　洲）ASIAN

韓式涼拌魷魚

❄ 冷藏 2 天

🍚 2～3 人

材料 INGREDIENTS

食材

水發魷魚	1尾（250g）
洋蔥	100g
紅蘿蔔	20g
青蔥	20g

醬汁

韓式涼拌辣醬 *	100g

(炫傑師叮嚀)

◆ 魷魚也可使用軟絲、透抽等海鮮代替。
◆ 魷魚燙熟後需放入冰水冰鎮，才能保有Q彈口感。

作法 STEP BY STEP

1
準備

▶a 洋蔥、紅蘿蔔分別去皮後切絲；青蔥切絲，備用。

▶b 魷魚的頭和身體拔開，身體對切兩半並切花刀，再切小塊備用。

2
烹調

魷魚花刀塊放入滾水，以中小火煮30秒至1分鐘至熟，撈起後泡入冰水冰鎮至涼，瀝乾。

3
組合

調理盆中放入全部食材與韓式涼拌辣醬，拌勻至入味即可盛盤。

* 韓式涼拌辣醬 P.40

日式味噌小黃瓜

材料 INGREDIENTS

食材
小黃瓜 ──── 2根（240g）
醃料
鹽 ──────────────── 5g
醬汁
日式味噌醬＊──────── 90g
裝飾
苜宿芽 ────────────── 1g

作法 STEP BY STEP

1 準備

▸a 小黃瓜去頭尾後切成3～5公分段狀，再對開備用。

▸b 調理盆中放入小黃瓜段，加入鹽攪拌均勻，醃漬約10分鐘至出水，再以飲用水沖洗後瀝乾。

2 組合

日式味噌醬淋於碗或盤中，放上小黃瓜，裝飾苜宿芽即可。

＊日式味噌醬
P.38

炫傑師叮嚀

◆ 小黃瓜也可以使用波浪刀切段或切片，波浪切口更容易沾附醬汁食用。

（亞 ✳ 洲）ASIAN　🍵 2～3人　❄ 冷藏 3 天

和風蔬果沙拉

材料 INGREDIENTS

食材

綜合生菜	100g
蘋果	50g
柳橙	50g
小番茄	30g
洋蔥	20g

醬汁

和風醬 *	60g

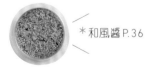

*和風醬 P.36

作法 STEP BY STEP

1 準備

▸a 綜合生菜洗淨，若有比較大片則撕成一口大小，再泡入冰水冰鎮約10分鐘，瀝乾水分。

▸b 蘋果帶皮切塊；柳橙取果肉；小番茄切對半；洋蔥去皮後切絲，備用。

2 組合

調理盆中放入全部食材與和風醬，攪拌均勻即可。

炫傑師叮嚀

◆ 若怕洋蔥的嗆味，可先泡5分鐘冰水後再使用。

◆ 綜合生菜於生鮮超市為常見的販售組合；若買不到綜合的，也可以直接購買美生菜。

◆ 蘋果或易氧化的水果切開後，如果不立即使用，都需泡水處理。這道料理不再加熱殺菌，蔬果冰鎮請使用飲用水。

◆ 小章魚烹煮的時間若太久，
口感容易變硬且難咬。

和風醋拌小章魚

（亞 ✳ 洲）ASIAN

2〜3人

❄ 冷藏3天

材料 INGREDIENTS

食材

小章魚	200g
小黃瓜	50g

煮汁

水	800g
薑	10g
青蔥	10g
米酒	20g

醃料

鹽	5g

醬汁

和風醋拌醬*	70g

作法 STEP BY STEP

1 準備

▸a 小黃瓜切片；薑去皮後切片；青蔥切段，備用。

▸b 調理盆中放入小黃瓜片，加入鹽攪拌均勻，醃漬約5分鐘，再以飲用水沖洗後瀝乾。

2 烹調

鍋中放入煮汁的水煮滾，再放入薑片、蔥段、米酒與小章魚，以中小火煮30秒至1分鐘至熟，撈起後泡入冰水冰鎮至涼（薑片與蔥段可一起冰鎮）。

3 組合

調理盆中放入小章魚與作法1a的小黃瓜，再加入和風醋拌醬拌勻即可盛盤。

* 和風醋拌醬P.36

日式芝麻牛蒡

材料 INGREDIENTS

食材

牛蒡	300g
熟黑芝麻	5g
熟白芝麻	5g

調味料

白醋	30g
白砂糖	30g
味醂	15g
醬油	5g
鹽	5g
香油	5g

作法 STEP BY STEP

1 準備 牛蒡削除外皮，以刀鋒刨成細絲。

2 烹調 牛蒡絲放入滾水，以中火煮5分鐘，撈起後泡入冰水冰鎮約10分鐘，取出瀝乾水分。

3 組合 調理盆中放入瀝乾的牛蒡，再加入調味料和熟黑白芝麻，混合拌勻即可盛入容器。

炫傑師叮嚀

◆ 牛蒡絲泡入冰水冰鎮時，可於水中加入少許白醋或檸檬汁，能避免牛蒡氧化變色。

◆ 加入熟芝麻可以為這道料理增色，於作法3時，可先用乾鍋小火稍微炒過熟芝麻，烘出香氣。

胡麻醬拌肉片

材料 INGREDIENTS

食材

培根豬肉薄片	300g
小黃瓜	50g
高麗菜	10g
紅甜椒	30g
洋蔥	10g
熟白芝麻	5g

醬汁

日式胡麻醬 ＊	100g

裝飾

青蔥絲	5g

作法 STEP BY STEP

1 準備

▶a 小黃瓜、高麗菜分別切絲；紅甜椒去籽後切絲；洋蔥去皮後切絲，備用。

▶b 將作法1a的蔬菜泡入冰水冰鎮約1分鐘，瀝乾水分。

2 烹調

培根豬肉薄片放入滾水，以中火汆燙約20秒至熟，撈起後泡入冰水冰鎮約1分鐘，取出並瀝乾水分。

3 組合

小黃瓜絲、高麗菜絲、紅甜椒絲與洋蔥絲鋪入杯底，再放上肉片，並淋上日式胡麻醬，最後撒上熟白芝麻與青蔥絲即可。

＊日式胡麻醬 P.37

炫傑師叮嚀

◆ 食材泡過冰水後需將水確實瀝乾，以免淋上胡麻醬而導致食材出水，影響口味與菜色美觀。

（亞　洲）ASIAN

柴魚菠菜沙拉

❄ 冷藏3天

2～3人

材料 INGREDIENTS

食材

菠菜 —————— 300g

熟白芝麻 —————— 5g

柴魚片 —————— 2g

調味料

柴魚高湯 —— 100g→P.60

醬油 —————— 30g

味醂 —————— 30g

作法 STEP BY STEP

1 準備

▸a 菠菜放入滾水，以大火煮約1分鐘至熟，撈起後泡入冰水冰鎮至涼。

▸b 撈起菠菜並擠乾水分，切成約5公分長條狀。

▸c 調理盆中放入全部醬汁拌勻，即成醬汁。

2 組合

盤中擺入菠菜，撒上熟白芝麻與柴魚片，食用時搭配醬汁即可。

（炫傑師叮嚀）

◆ 菠菜可先煮根部，再放入葉子部分，熟度可更加均勻。

◆ 煮菠菜的水可加入少許鹽，保持翠綠色澤。

◆ 泡過冰水的菠菜若不立即食用，可以用保鮮膜捲起後放入冰箱，食用時再盛盤。

◆ 秋葵蒂頭硬梗不要切除太多，以免烹煮時黏液營養流失。

◆ 盛盤前可將秋葵對切擺盤，除了美觀外，也可更入味。

涼拌薑汁秋葵

（亞 ※ 洲）ASIAN

❄ 冷藏3天

2～3人

材料 INGREDIENTS

食材
秋葵 ————————— 300g
醬汁
日式薑汁 * ————— 220g
裝飾
紅辣椒絲 ————————— 3g

／ * 日式薑汁 P.39

作法 STEP BY STEP

1
準備　秋葵去除蒂頭硬梗後，並將表面的細毛刷洗備用。

2
烹調　秋葵放入滾水，以大火煮約1分鐘，撈起後泡入冰水冰鎮至涼。

3
組合　秋葵放入盤中，淋上日式薑汁，裝飾紅辣椒絲即可。

（亞 洲）越式冷春捲

2～3人
❄ 冷藏 1 天

材料 INGREDIENTS

食材

米紙卷（越式春捲皮）	2張
草蝦	4尾（120g）
美生菜	30g
小黃瓜	20g
紅蘿蔔	20g
香菜葉	2g
九層塔葉	2g

醬汁

越式辣醬＊	60g

＊越式辣醬 P.44

作法 STEP BY STEP

1 準備
- ▶a 草蝦去頭尾與外殼後，開背去腸泥。
- ▶b 美生菜、小黃瓜分別切絲；紅蘿蔔去皮後切絲；香菜葉、九層塔葉分別切碎，備用。

2 烹調
草蝦放入滾水，以中大火煮約1分鐘至熟，撈起後泡入冰水冰鎮至涼，瀝乾後對切備用。

3 組合
- ▶a 拿噴霧器在春捲皮表面噴食用水，讓春捲皮變軟。
- ▶b 將美生菜絲、紅蘿蔔絲、小黃瓜絲、香菜、九層塔葉依序疊在春捲皮上，微捲後將草蝦放於前端，再捲成春捲狀，完成兩捲。
- ▶c 將越南冷春捲放於餐盤上，再淋上越式辣醬即可食用。

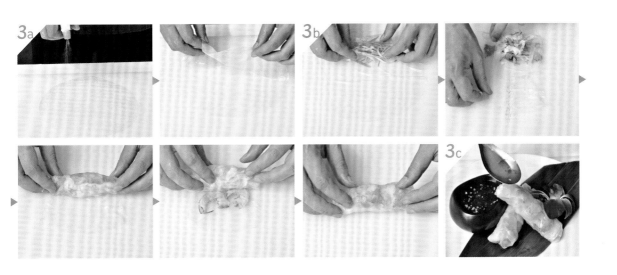

炫傑師叮嚀
- ◆ 醬汁也可放入小碟子，沾附方式食用。
- ◆ 草蝦包在外側（上側），具美觀效果也更為鮮亮。
- ◆ 家中若無噴霧器，可將食用水倒入平盤，春捲皮輕沾數次至軟化即可。

（亞✳洲）泰式青木瓜
ASIAN

🍽 2～3人
❄ 冷藏 3 天

材料 INGREDIENTS

食材
青木瓜	300g
小番茄	60g
紫洋蔥	20g
花生碎	20g

調味料
魚露	40g
白砂糖	10g
檸檬汁	40g

裝飾
平葉巴西里	2g

作法 STEP BY STEP

1
準備

▶a 青木瓜去皮去籽後切絲；小番茄對半切開；紫洋蔥去皮後切絲，備用。

▶b 切好的全部蔬菜泡入冰水冰鎮約10分鐘，瀝乾水分。

2
組合

調理盆中放入全部食材與調味料拌勻，盛盤後撒上花生碎，裝飾平葉巴西里即可。

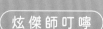

炫傑師叮嚀

◆ 加入調味料後，可在調理盆中用擀麵棍稍微搗一搗，能讓青木瓜絲更入味。

泰 式 酸 辣 拌 海 鮮

炫 傑 師 叮 嚀

◆ 透抽頭部也能拿來
烹調，請去除眼睛
與龍珠即可。

材料 INGREDIENTS

食材

草蝦	8尾（240g）
透抽	180g
蛤蜊	180g

煮汁

水	1000g
薑	20g
米酒	30g

醬汁

泰式酸辣醬*	100g

裝飾

檸檬片	5g
九層塔葉	1g

作法 STEP BY STEP

1 準備
▸a 薑去皮後切片備用。
▸b 透抽的頭和身體拔開，去除內臟與軟骨後洗淨，切圈狀；
草蝦去外殼，開背挑除腸泥；蛤蜊泡水約1小時吐沙後
洗淨，備用。

2 烹調
鍋中放入煮汁的水煮滾，再放入薑片、米酒與作法1b瀝
乾的海鮮，以中大火煮1～2分鐘至熟，撈起後泡入冰水
冰鎮約1分鐘，瀝乾水分。

3 組合
調理盆中放入全部食材與泰式酸辣醬，攪拌均勻後盛盤，
裝飾檸檬片與九層塔葉即可。

＊泰式酸辣醬 P.43

泰式蒜味生蝦 （亞洲）

2～3人

❄ 冷藏1天

材料 INGREDIENTS

食材

活的鮮蝦	8尾（240g）
蒜仁	30g
香菜葉	10g
紅辣椒	10g

調味料

檸檬汁	30g
白砂糖	30g
魚露	10g
冰水	50g

作法 STEP BY STEP

1 準備

▶a 鮮蝦先用冰塊冰鎮至昏睡不動，再將蝦頭與外殼去除（留尾），開背對半去腸泥，並剖開攤平。

▶b 蒜仁、香菜葉分別切碎；紅辣椒去籽後切碎，備用。

2 組合

▶a 作法1b辛香料全部放入調理盆中，加入調味料拌勻，即成醬汁。

▶b 將鮮蝦平鋪於餐盤上，淋上醬汁即可。

炫傑師叮嚀

◆ 鮮蝦可選擇各式品種，但建議以新鮮活跳的蝦為主。

◆ 蝦尾可留下，方便食用與美觀。

＊凱薩醬
P.48

（西 ＊ 式）*WESTERN*

❄冷藏 2 天

凱薩沙拉

▼ 2～3人

材料 INGREDIENTS

食材

蘿蔓生菜	100g
綜合生菜	100g
烤乾培根	10g
烤麵包丁	10g
起司粉	20g

醬汁

凱薩醬＊	100g

作法 STEP BY STEP

1
準備　蘿蔓生菜、綜合生菜洗淨後撕成一口大小，再泡入冰水冰鎮約10分鐘，瀝乾水分。

2
組合　調理盆中放入全部生菜與凱薩醬，拌勻後盛盤，再撒上烤乾培根、烤麵包丁與起司粉即可。

(炫傑師叮嚀)

◆ 生菜用手撕為佳，避免用金屬刀切，會使切面邊緣變黃及氧化，或沾附金屬味及其他食材味道。

◆ 烤麵包丁、烤乾培根能增加口感與香氣，以180℃烘烤約5分鐘。

*千島醬
P.47

*凱薩醬
P.48

*義式油醋醬
P.51

材料 INGREDIENTS

食材

紅蘿蔔	60g
小黃瓜	60g
西洋芹	60g
紅甜椒	60g
黃甜椒	60g

醬汁

千島醬*	50g
凱薩醬*	50g
義式油醋醬*	50g

（ 炫傑師叮嚀 ）

◆ 這道料理不再加熱殺菌，蔬菜冰鎮請使用
飲用水。

◆ 蔬菜皆可使用當季蔬菜與水果變化，若為
生食蔬菜類，可先煮熟後冰鎮。

◆ 準備三種不同風味的沾醬搭配蔬菜棒，可
依個人喜好挑選喜歡的醬。

作法 STEP BY STEP

1 準備

▸a 紅蘿蔔去皮；西洋芹去粗絲纖維；紅黃
甜椒去籽，全部皆切成約1公分粗的長
條狀。

▸b 全部蔬菜泡入冰水冰鎮約10分鐘，瀝乾
水分。

2 組合

將蔬菜依序裝入容器中，搭配喜歡的沾醬一
起食用。

華爾道夫沙拉

（西式）

2～3人

❄冷藏 3 天

材料 INGREDIENTS

食材

綜合生菜	50g
蘋果	100g
西洋芹	100g
核桃仁	50g
葡萄乾	30g

調味料

美乃滋	120g
鹽	3g
白胡椒粉	2g

裝飾

義大利巴薩米克醋	3g
食用花	1g
菜苗	2g
洋蔥絲	1g
小番茄片	2g

作法 STEP BY STEP

1 準備

▸a 綜合生菜洗淨後撕成一口大小,泡入冰水冰鎮約10分鐘,取出瀝乾水分。

▸b 蘋果去籽後切1～2公分丁狀,泡入冰水冰鎮;西洋芹去粗絲纖維後切1～2公分丁狀,備用。

2 烹調

▸a 核桃仁放入烤箱,以180℃烘烤約3分鐘,取出後壓碎。

▸b 西洋芹放入滾水,以大火汆燙約30秒,撈起後泡入冰水冰鎮。

3 組合

▸a 調理盆中放入綜合生菜與瀝乾的蘋果丁、西洋芹丁,並加入核桃仁碎、葡萄乾和調味料,拌勻後盛盤。

▸b 盤緣用少許義大利巴薩米克醋隨意畫上幾條線,放上裝飾材料即可。

炫傑師叮嚀

◆ 核桃仁可用其他堅果代替,例如:杏仁片、松子等。

◆ 蘋果或易氧化的水果切開後,若不立即使用,都需泡水處理。

◆ 拌勻的沙拉不立即食用,請包覆保鮮膜放入冷藏室,以免食材變色。

（西式）WESTERN

法式蔬菜凍

🍽 2～3人

❄ 冷藏3天

材料 INGREDIENTS

蔬菜
高麗菜葉	20g
秋葵	40g
紅甜椒	20g
黃甜椒	20g
蘆筍	40g
玉米筍	40g

蔬菜凍高湯
A 水	600g
白胡椒粒	5g
月桂葉	1g
水果醋	60g
B 吉利T粉	30g
鹽	3g

調味料
義大利巴薩米克醋	10g

作法 STEP BY STEP

1 準備
秋葵去除蒂頭硬梗後,並將表面的細毛刷洗;紅黃甜椒去籽後切寬片,備用。

2 烹調
▶a 製作高湯:鍋中放入水、白胡椒粒與月桂葉,以中小火煮滾,再加入水果醋拌勻,放涼後過濾。

▶b 製作蔬菜凍高湯:吉利T粉與鹽先拌勻(可避免結塊),再加入作法2a冷高湯中,以小火煮至完全溶解,關火待涼。

▶c 全部蔬菜放入滾水,以中大火煮1～2分鐘至熟,撈起後泡入冰水冰鎮約1分鐘,撈出後瀝乾。

3 組合
▶a 長方形模鋪入保鮮模(多出來的往外放),先鋪入高麗菜片(葉片需高過模具)。

▶b 依序放入蔬菜,先排入玉米筍、蘆筍,倒入適量蔬菜凍高湯,再排入紅甜椒片、秋葵,倒入適量蔬菜凍高湯。

蔬菜排列方式必須整齊,
蔬菜凍凝固後
切片才會好看。

接續下一頁 ▶▶

3 組合

▶c 接著排入黃甜椒片，倒入適量蔬菜凍高湯，將溢出的高麗菜往內折，蓋住蔬菜材料表面，再將保鮮膜往內緊密包覆，用手壓實。

▶d 放入冰箱冷藏3小時定型，取出切片後盛盤，食用時可搭配義大利巴薩米克醋。

炫 傑 師 叮 嚀

◆ 蔬菜煮後泡冰水可保持脆度，取出後放於擦手紙上吸取多餘的水分。

◆ 長方形模可使用磅蛋糕或吐司模，有高度的容器較方便堆疊蔬菜。

◆ 鋪完2～3種蔬菜後，就可先倒入適量蔬菜凍高湯。

3c

◆ 法式凍派是法國傳統冷料理之一，將食材堆疊於容器中，並以膠質材料讓食材以凍狀方式固定。適合製作凍派的食材建議選擇無筋並且容易咬的肉類、海鮮、根莖類蔬菜或花椰菜等，組合出繽紛色彩與口感。

冷燻鮭魚起司餅

材料 INGREDIENTS

食材

煙燻鮭魚	200g
生菜葉	30g
洋蔥	30g
法國麵包	100g

調味料

美乃滋	30g
奶油起司	30g
鹽	3g
白胡椒粉	2g

裝飾

食用花	1g

作法 STEP BY STEP

1 準備

▸a 洋蔥去皮後切絲；生菜葉與洋蔥絲泡入冰水冰鎮約10分鐘，取出瀝乾水分。

▸b 調理盆中放入全部調味料，攪拌均勻為抹醬。

2 組合

▸a 法國麵包切成約2公分斜片狀，抹上作法1b抹醬。

▸b 將生菜葉、煙燻鮭魚、洋蔥絲依序放於法國麵包片上，裝飾食用花即可。

炫 傑 師 叮 嚀　　◆ 市售煙燻鮭魚通常已有鹹味，可依個人口味調整鹽量。

義式牛肉冷盤

（西式）WESTERN

❄ 冷藏1天

▽ 2～3人

材料 INGREDIENTS

食材
牛菲力	200g
芝麻葉	20g
小番茄	20g
新鮮帕瑪森起司	50g

醃料
檸檬汁	20g
鹽	5g
黑胡椒粉（現磨）	2g

調味料
美乃滋	50g
黃芥末醬	20g

作法 STEP BY STEP

1 準備

▸a 牛菲力放進冰箱冷凍約1小時，取出後切成薄片，加入醃料拌勻，醃漬約10分鐘。

▸b 小番茄切塊；美乃滋與黃芥末醬放入容器，拌勻成醬汁，備用。

2 組合

將醃漬完成的肉片排入盤中，放上芝麻葉、小番茄，刨上帕瑪森起司，搭配醬汁食用即可。

炫傑師叮嚀

◆ 牛肉可先冷凍，讓肉呈現微硬更容易切薄片，或請肉商以機器切薄片狀。

◆ Carpaccio是品味好牛肉滋味的最佳菜色，指切成薄片的生牛肉冷菜，由於牛肉是生的，所以建議選擇優質牛肉為佳。

生火腿甜瓜串

（西　式）*WESTERN*

2～3人

❄ 冷藏2天

材料 INGREDIENTS

食材

生火腿片	200g
香瓜	50g
哈密瓜	50g
草莓	50g

調味料

黑胡椒粉（現磨）	2g

作法 STEP BY STEP

1 準備　哈密瓜、香瓜去皮及籽後切約3公分塊狀，草莓去蒂頭後切約3公分塊狀，備用。

2 組合　生火腿片包裹作法1的水果，取竹籤串起，再放入盤中，撒上現磨的黑胡椒粉即可。

（炫傑師叮嚀）

◆ 可使用挖球器挖甜瓜果肉，呈現圓球狀。

◆ 將不同顏色的甜瓜交錯串起，呈現不同視覺，也適合成為派對餐點之一。

生火腿無花果捲

材料 INGREDIENTS

食材

生火腿片	200g
無花果	150g
九層塔	5g
開心果	30g

調味料

黑胡椒粉（現磨）	2g

作法 STEP BY STEP

1 準備　無花果切成瓣狀；九層塔去梗留葉後切碎；開心果壓碎，備用。

2 組合
▶a 無花果瓣放入湯匙或其他容器，放上九層塔碎，再以生火腿片包住。
▶b 接著撒上開心果碎與現磨的黑胡椒粉即可。

（炫傑師叮嚀）

◆ 食用前也可淋上橄欖油，能增加風味。
◆ 這道料理建議製作完後馬上食用，以免火腿與無花果變乾而影響口感。
◆ 無花果肉質地偏軟，包裹時動作必須輕輕的，以免果肉碎爛。

（西 ✳ 式）*WESTERN*

尼斯沙拉

🍽 2～3人　　❄ 冷藏 3 天

材料 INGREDIENTS

食材

綜合生菜	200g
馬鈴薯	100g
小番茄	30g
水煮蛋（全熟）	1個→ P.172
黑橄欖	5g
油漬鮪魚罐頭	80g
醃漬鯷魚罐頭	2片（5g）
酸豆	3g

醬汁

義式油醋醬 ✳	80g

裝飾

平葉巴西里	2g
酸模	1g
食用花	1g

✳ 義式油醋醬 P.51

作法 STEP BY STEP

1 準備

▶a 綜合生菜洗淨後撕成一口大小，泡入冰水冰鎮約10分鐘，瀝乾水分。

▶b 馬鈴薯去皮後用挖球器挖成數個球狀；小番茄對半切開；水煮蛋去殼後切塊；黑橄欖切片；油漬鮪魚、醃漬鯷魚分別撕成小片，備用。

2 烹調

取一鍋冷水，馬鈴薯球放入冷水中，以中火煮滾後約15分鐘至熟，撈起再泡入冰水冰鎮，瀝乾水分。

3 組合

將全部食材排入盤中，裝飾平葉巴西里、酸模與食用花，再搭配義式油醋醬食用即可。

炫傑師叮嚀

◆ 馬鈴薯去皮後若不直接烹煮，必須泡水處理防止氧化。

◆ 鮪魚罐頭的油，可依個人對油脂的接受度留下使用或瀝掉。

◆ 這道沙拉可以使用調理盆將全部食材與醬汁拌勻後盛盤，更為方便。

◆ 尼斯沙拉是以鮪魚、蛋和馬鈴薯等食材組合而成的，是法國尼斯著名料理。

（西 ✴ 式）WESTERN　　　　🍚 2～3人 ❄冷藏 3 天

義 式 羅 勒 番 茄 沙 拉

材料 INGREDIENTS

食材

馬芝瑞拉起司	100g
牛番茄	100g
羅勒	5g

醬汁

義式油醋醬 *	50g

調味料

鹽	2g
黑胡椒粉（現磨）	2g

＊義式油醋醬 P.51

作法 STEP BY STEP

1 準備

▶a 馬芝瑞拉起司切厚度 0.5～1公分片狀。

▶b 牛番茄去蒂頭後切厚度 0.5～1公分片狀，再對半切；
羅勒取葉片，備用。

2 組合

將牛番茄片、起司片交錯擺入盤中，再撒上羅勒葉，再淋
上義式油醋醬，並撒上鹽與現磨黑胡椒粉即可。

（炫 傑 師 叮 嚀）

◆ 牛番茄與起司切片的厚度儘量一致，排起來更美觀。

◆ 羅勒葉若不易取得，可以使用九層塔葉代替，但用量可少一點，以免味道
太重。

（西 ＊ 式）*WESTERN* 🍚2～3人 ❄冷藏 5 天

白酒醃香草蘑菇

材料 INGREDIENTS

食材

蘑菇	300g
蒜仁	10g
捲葉巴西里	1g
紅辣椒	10g
九層塔	2g

調味料

A 白酒醋	100g
橄欖油	100g
B 白砂糖	5g
鹽	2g
白胡椒粉	1g

（ 炫 傑 師 叮 嚀 ）

◆ 蘑菇可依購買的尺寸決定是否對
　半切，若為中型或大型，則可以
　切對半再使用。

作法 STEP BY STEP

1 準備

▶a 蘑菇以乾淨的濕布擦乾淨（或以水沖洗後擦乾），
　再切對半。

▶b 蒜仁、捲葉巴西里分別切碎；紅辣椒去籽後切碎；
　九層塔去梗留葉切碎，備用。

2 烹調

▶a 蘑菇放入滾水，以大火煮約1分鐘至熟，撈起後泡
　入冰水冰鎮約1分鐘，瀝乾備用。

▶b 白酒醋倒入鍋中，以中火煮滾去嗆味，關火放涼。

▶c 鍋中倒入橄欖油，先小火炒香蒜碎，關火後加入
　捲葉巴西里碎、紅辣椒碎、九層塔碎與調味料B稍
　微拌炒，即成辛香料。

3 組合

調理盆中加入蘑菇、放涼的白酒醋、辛香料，攪拌
均勻即可盛盤。

（西 ✷ 式）WESTERN　紅酒燉梨 🍽4人 ❄冷藏3天

材料 INGREDIENTS

食材

洋梨 ── 4個（每個150g）

調味料

白砂糖	50g
無鹽奶油	20g
紅酒	500g
檸檬汁	10g
肉桂條	5g
丁香	2g
檸檬皮	1g

裝飾

薄荷葉	1g
檸檬角	10g

作法 STEP BY STEP

1 準備　洋梨去皮備用。

2 烹調
▶a 鍋中放入白砂糖，以中小火煮焦化，再放入奶油加熱至熔化，立即倒入紅酒和其他調味料，以小火煮滾。
▶b 將洋梨放入作法2a鍋中，繼續燉煮約30分鐘後關火，直接浸泡至放涼。

3 組合　再盛入碗中，裝飾薄荷葉與檸檬角即可。

炫傑師叮嚀
◆ 洋梨也可以換成水梨或蘋果。
◆ 可待涼後連汁放入冰箱冷藏一晚入味，風味更好。

（西　式）
WESTERN
洋芋沙拉

🍲 2～3人
❄ 冷藏2天

材料 INGREDIENTS

食材

馬鈴薯	2個（240g）
紅蘿蔔	60g
水煮蛋（全熟）	1個→ P.172

調味料

美乃滋	120g
鹽	3g
白胡椒粉	2g

裝飾

黑橄欖片	3g
生菜葉	1g

作法 STEP BY STEP

1 準備
▸a 馬鈴薯去皮後切對半；紅蘿蔔去皮後切成約1公分丁狀，備用。
▸b 水煮蛋去殼後放入調理盆中，以叉子壓碎備用。

2 烹調
取一鍋冷水，馬鈴薯放入冷水中，以中火煮滾，再放入紅蘿蔔丁，一起續煮約15分鐘至熟並撈起，馬鈴薯趁有溫度時壓成泥狀。

3 組合
調理盆中放入全部食材與調味料，攪拌均勻後盛入小碗中，裝飾生菜葉與黑橄欖片即可。

炫傑師叮嚀
◆ 馬鈴薯壓成泥狀，可使用打蛋器或叉子。
◆ 馬鈴薯泥可保留一些小塊狀，食用時能增加不同層次的口感。

（西 ❋ 式）WESTERN

墨西哥雞肉捲餅

2～3人

❋冷藏1天

材料 INGREDIENTS

食材

墨西哥玉米餅	2片
雞胸肉	1片（100g）
美生菜	30g
酪梨	30g
洋蔥	20g

醬汁

莎莎醬＊	80g

＊莎莎醬 P.46

作法 STEP BY STEP

1 準備
美生菜切絲；酪梨去外皮及籽後，切約1公分丁狀；洋蔥去皮後切絲，備用。

2 烹調
▶a 雞胸肉放入烤箱，以180℃烘烤約15分鐘至熟，取出後切條狀。
▶b 墨西哥玉米餅用噴霧器於表面噴少許水，再以平底鍋小火烘香烘軟，取出放涼。

3 組合
▶a 將墨西哥玉米餅依序放上蔬果和雞胸肉條，再鋪上莎莎醬，捲起成圓筒狀。
▶b 完成兩捲後，分別斜切成兩等份即可。

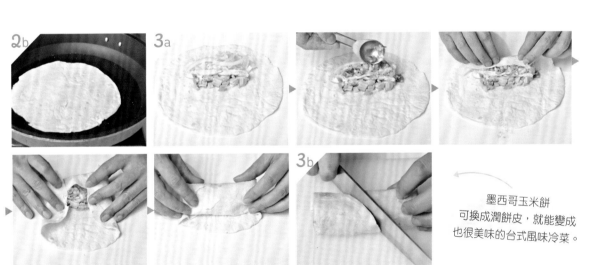

2b　3a　　　3b

墨西哥玉米餅
可換成潤餅皮，就能變成
也很美味的台式風味冷菜。

炫傑師叮嚀

◆ 酪梨可以換成為鳳梨、芒果等水果，包入不同水果種類，
但記得務必瀝乾水分，才能避免沾濕餅皮。

墨西哥莎莎佐玉米脆片

材料 INGREDIENTS

食材
玉米脆片 ———— 100g
醬汁
莎莎醬* ———— 100g

作法 STEP BY STEP

1 準備
▶a 玉米脆片盛入盤中。
▶b 食用時搭配莎莎醬即可。

炫傑師叮嚀

◆ 可依個人喜好的口味，選購市售洋芋片代替玉米脆片。

＊莎莎醬 P.46

（西 ✳ 式）WESTERN　🍲 2～3人 ❄ 冷藏2天

鮮蝦雞尾酒盅

材料 INGREDIENTS

食材

草蝦	12尾（360g）
水煮蛋（全熟）	1個→ P.172
美生菜	30g
檸檬	1個

醃料

鹽	3g
白胡椒粉	2g
橄欖油	20g

醬汁

雞尾酒醬＊	70g

裝飾

菜苗	2g

＊雞尾酒醬 P.58

作法 STEP BY STEP

1 準備

水煮蛋去殼後切片；美生菜切絲；檸檬切薄圓片，備用。

2 烹調

▶a 草蝦帶殼放入滾水，以大火煮約1分鐘至熟，撈起後泡入冰水冰鎮至涼，瀝乾水分備用。

▶b 放涼的草蝦去頭（留尾），剝去外殼並挑除腸泥，和醃料拌勻醃漬約15分鐘。

3 組合

美生菜絲鋪於雞尾酒杯內，將草蝦掛在杯口，並放上水煮蛋與檸檬片，裝飾菜苗，搭配雞尾酒醬食用即可。

（炫傑師叮嚀）

◆ 草蝦尾可留著不去除，方便拿取食用。

◆ 烹煮草蝦時，可於水中加入少許白酒去腥味。

（西＊式）WESTERN

法式派隊魔鬼蛋

2～3人

❄冷藏2天

材料 INGREDIENTS

食材

水煮蛋（全熟）── 2個→P.172
鮭魚卵 ──────────── 10g
捲葉巴西里 ──────── 2g

調味料

美乃滋 ──────────── 20g
鹽 ───────────────── 3g
白胡椒粉 ─────────── 2g
紅甜椒粉 ─────────── 1g

作法 STEP BY STEP

1 準備

▸a 捲葉巴西里切碎備用。

▸b 水煮蛋去殼，對半橫切成兩半，將蛋黃取出後放入調理盆，搗碎，再加入調味料，攪拌均勻即為蛋黃醬。

▸c 擠花袋套上花嘴，拌勻的蛋黃醬裝入擠花袋備用。

2 組合

▸a 將蛋白盅放於平盤，再擠上作法1c蛋黃醬。

▸b 最後放上鮭魚卵與捲葉巴西里碎即可。

1b

1c

填入蛋黃醬後，
可用刮板往花嘴方向刮，
讓蛋黃醬更密實，
袋中少了空氣比較好擠。

2a

（ 炫 傑 師 叮 嚀 ）

◆ 水煮蛋對半切後，底端可稍微橫切下一小片，讓蛋可平穩站立。

◆ 切水煮蛋必須小心，避免將蛋白切碎而影響美觀。

◆ 可選擇造型花嘴擠蛋黃醬，例如：菊花型、星星型。

（創 ✳ 意）*CREATIVITY*　🍜 2～3人　❄冷藏 1 天

果香生鮪魚韃靼

材料 INGREDIENTS

食材

生食級鮪魚	100g
芒果肉	80g
洋蔥	20g
捲葉巴西里	2g

調味料

橄欖油	20g
白酒	10g
檸檬汁	5g
鹽	5g
黑胡椒粉（現磨）	2g

作法 STEP BY STEP

1 準備　生食級鮪魚、芒果肉分別切成約1公分丁狀；洋蔥去皮後切碎；捲葉巴西里切碎，備用。

2 組合　調理盆中放入全部食材與調味料，攪拌均勻後盛盤即可。

（炫傑師叮嚀）　◆ 水果可使用當季水果，建議挑選帶酸甜味，比較適合。

咖哩酪梨鮮蝦

材料 INGREDIENTS

食材
草蝦 ————— 12尾（360g）
酪梨 ————— 1/2個（100g）
洋蔥 ———————————— 50g
捲葉巴西里 —————————— 2g

醬汁
咖哩美乃滋 * ———————— 95g

裝飾
平葉巴西里 ————————— 1g

（炫傑師叮嚀）

◆ 酪梨與咖哩美乃滋非常速配，所以這道食譜也可以將主食材的草蝦替換成雞肉、豬肉等，也是很美味。

作法 STEP BY STEP

1
準備
酪梨去皮及籽後切約2公分塊狀；洋蔥去皮後切絲；捲葉巴西里切碎，備用。

2
烹調
▶a 草蝦帶殼放入滾水，以大火煮約1分鐘至熟，撈起後泡入冰水冰鎮至涼，瀝乾水分。

▶b 放涼的草蝦去頭留尾並剝除外殼，挑除腸泥備用。

3
組合
調理盆中放入全部食材與咖哩美乃滋，攪拌均勻後盛盤，裝飾平葉巴西里即可。

✳ 咖哩美乃滋
P.54

🍚 2～3人 ❄冷藏 1 天

檸檬香草蘑菇生干貝

材料 INGREDIENTS

食材

生食級干貝	6個（180g）
捲葉巴西里	5g
白酒醃香草蘑菇	50g→P.125

調味料

檸檬汁	10g
橄欖油	15g
鹽	5g
黑胡椒粉（現磨）	2g

作法 STEP BY STEP

1
準備　捲葉巴西里切碎備用。

2
組合
▸a 生食級干貝對半橫切，再和調味料與巴西里碎拌勻，醃漬約5分鐘入味。

▸b 白酒醃香草蘑菇盛入容器，鋪上生食級干貝即可。

（炫 傑 師 叮 嚀）

◆ 生干貝可挑選大顆，約2S左右等級。

◆ 冷凍生食級干貝使用前，先從冷凍庫移至冷藏室約4小時，慢慢解凍，能避免干貝的美味成分流失。

（創 ✳ 意）CREATIVITY

火腿洋芋絲

2～3人
冷藏3天

材料 INGREDIENTS

食材

火腿片 …… 150g
馬鈴薯 …… 2個（240g）
洋蔥 …… 20g
青椒 …… 30g
黃甜椒 …… 20g

醬汁

義式油醋醬* …… 80g

裝飾

平葉巴西里 …… 2g

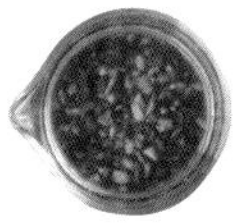

*義式油醋醬P.51

作法 STEP BY STEP

1 準備

火腿片切絲；馬鈴薯、洋蔥分別去皮後切絲；青椒、黃甜椒分別去籽後切絲，備用。

2 烹調

▸a 馬鈴薯絲放入滾水，以中火煮約90秒，撈起後泡冰水冰鎮約3分鐘，瀝乾水分。

▸b 火腿絲放入平底鍋，以中小火乾煎至火腿絲出油，即可取出切絲。

3 組合

調理盆中放入全部食材和義式油醋醬，攪拌均勻後盛盤，裝飾平葉巴西里即可。

炫傑師叮嚀

◆馬鈴薯煮好後泡冰水約3分鐘即可撈起，以免澱粉質流失太多。

（創 ✳ 意）CREATIVITY

義式鮪魚櫛瓜捲

2～3人

❄ 冷藏 2 天

◆ 櫛瓜捲若不易固定，可先用保鮮膜捲起
　固定或以蔬菜絲綁好。

◆ 櫛瓜捲起時，餡料容易向外溢出一些，
　只要用食指將餡料往內壓入即可。

材料 INGREDIENTS

食材

櫛瓜	1根（250g）
小番茄	30g

餡料

洋蔥	20g
羅勒葉	2g
酸豆	3g
油漬鮪魚罐頭	80g
醃漬鯷魚罐頭	2片（5g）
松子	10g
起司粉	20g
鹽	2g
白胡椒粉	2g

作法 STEP BY STEP

1 準備

▸a 櫛瓜去頭尾後，以削皮刀垂直削成長薄片狀。

▸b 小番茄切小塊；洋蔥切碎；羅勒葉切碎；酸豆切碎，備用。

2 烹調

▸a 取一平底鍋，以中小火乾煎櫛瓜片至微出水，取出備用。

▸b 調理盆中放入餡料材料，攪拌均勻備用。

3 組合

▸a 將櫛瓜片放於平盤或砧板，鋪上作法2b餡料，分別捲起成短圓柱，用食指將兩端餡料往內推。

▸b 再配搭小番茄，以長竹籤或造型叉子固定，冷藏1小時即可。

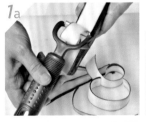

削櫛瓜皮的力道需一致讓厚度均勻，如此可捲出較漂亮的外型！

餡料也可以換成P.46莎莎醬，變化不同風味吃吃看！

Chapter

4

經典人氣
涼麵＆冷麵

Cold Noodles

世界各國涼麵冷麵特色

炙熱的夏天，涼麵冷麵是相當受歡迎的消暑佳餚，當主食或點心皆宜。涼麵、冷湯麵的配料可帶點隨意，基本上家中冰箱有什麼，都可拿出來切絲切塊，拌麵和醬，立即端上桌。沒時間出國度假，就照著書中涼麵食譜操作，隨時來碗「韓式泡菜冷湯麵」，或來盤「泰式涼拌海鮮河粉、燻鮭魚莎莎天使麵、凱薩醬通心冷麵」等，吃著涼涼的麵，令人胃口大開、暑氣全消！

亞洲涼麵冷湯麵開胃消暑

中台涼麵

知名中式涼麵為辣中帶麻的「四川麻辣涼麵」，淋醬後再加些蔥花、熟白芝麻和辣椒粉，讓這道涼麵在炎熱夏季相當受歡迎。提到台式涼麵，會立刻想到黃澄澄的油麵，加上小黃瓜絲、紅蘿蔔絲，淋上香氣濃郁麻醬的「麻醬涼麵」。

日韓涼麵冷湯麵

日式涼麵最常用的麵條為蕎麥麵，蕎麥含有豐富的膳食纖維以及維生素，書中「日式蕎麥涼麵」清爽可口，即麵條燙熟後以冷水冰鎮，再放上白蘿蔔泥、蔥花等，沾自製醬汁一起食用。韓國涼麵最早起源北韓，以平壤的冷湯麵與咸興的拌冷麵最聞名。韓國人的養生之道其一，是夏天吃熱食（例如：人參雞湯），讓身體出汗來降溫，冬天則吃冷食（例如：冷麵），先讓體內感到寒冷，處於外在環境下自然感到暖和。

東南亞涼麵

東南亞概括泰國、越南菜、印尼、新加坡、馬來西亞等，飲食口味通常偏酸辣，廣泛使用各種新鮮香料和咖哩、魚露、椰漿等調味料為最大特色，這些香氣能刺激味蕾，處在悶熱的氣候下確實能引起食慾，這些材料更適合做成醬汁成為涼拌菜的淋醬，或河粉、米線等拌醬。

西式麵拌沙拉主食皆宜

西式冷麵

義大利麵熱食、冷食皆宜，拌上喜歡的自製醬汁，撒點起司，多層次美味又有飽足感。而且大部分的短麵（例如：貝殼麵、螺旋麵、管麵）都適合和其他食材混合做成義大利麵沙拉。

麵條烹調和美味祕訣

市面上有各式各樣的麵類，不論是原物料、口感、味道甚至外觀顏色、形狀等皆有不同，但大多是以水煮的熟成方式處理，只要掌握以下幾個訣竅和麵條特性，就能輕鬆烹煮99%以上的麵類。

日常飲食最佳主角～麵條

認識各種麵條和煮法

如下整理書中所用到的麵條、河粉、麵線、冬粉等，大家可先預習，有助於掌握烹煮時間與高效率完成各式涼麵、冷麵、湯麵佳餚。這些是個人累積的經驗分享，但即使同一種麵類，只要不同公司出產或不同機器製作等，都可能影響熟成時間，所以建議仍需參照包裝說明操作為佳。

亞洲麵條

外觀	種類	特性介紹	烹煮火候時間
	油麵	涼麵中最常見的麵條是油麵，因為它屬於熟麵，只需簡單過水汆燙即可食用，簡單又方便。油麵於製作時加入少量的食用鹼，吃起來帶有獨特Q度，也因此微帶淡黃色。	⏱ 煮10秒 油麵放入滾水，以中火汆燙約10秒撈起，並以冰水冰鎮後瀝乾。
細　　粗	白麵	廣泛運用在台灣各式麵食的白麵，以小麥粉加水製成，因此微帶小麥香氣。白麵分成手工、機器、寬、細等，口感、嚼勁皆有不同。	⏱ 煮1～2分鐘 白麵放入滾水，以中火煮1～2分鐘至熟撈起，並以冰水冰鎮後瀝乾，再加入少許香油拌勻。

外觀	種類	特性介紹	烹煮火候時間
	蕎麥麵	深受日本人喜愛的蕎麥麵，以蕎麥粉加少許的小麥粉製成，因此帶淡淡的蕎麥香氣，屬於低熱量麵條，是許多減肥者的首選主食。	⏱ 煮2～3分鐘 蕎麥麵放入滾水，以中火煮2～3分鐘至熟撈起，並以冰水冰鎮後瀝乾。
	烏龍麵	咬勁十足是烏龍麵最大的特色，以麵粉、小麥粉製成，在台灣多為以冷凍熟麵的方式販售。烏龍麵屬於較粗的麵體，建議可搭配口味較重或湯麵食用。	⏱ 煮1分鐘 烏龍麵放入滾水，以中火煮約1分鐘撈起，並以冰水冰鎮後瀝乾。
	日式麵線	以小麥粉為原料製成的日式麵線，屬於細麵，柔軟又帶韌勁的口感，在日本更是象徵著夏天的到來。日式麵線較台灣麵線的鹹度低，也更容易搭配各式醬汁。	⏱ 煮90秒 日式麵線放入滾水，以中火煮約90秒至熟撈起，並以冰水冰鎮後瀝乾，再加入少許香油拌勻。
	韓國冬粉	以紅薯粉或馬鈴薯澱粉製成的韓國冬粉，外觀帶淡淡的灰黑色，口感則是非常Q彈有勁，有寬冬粉與細冬粉可選擇。	⏱ 泡軟煮3～4分鐘 韓國冬粉先以冷水泡約30分鐘至軟，剪成約15公分段狀，再放入滾水，以中火煮3～4分鐘至半透明狀後撈起，並以冰水冰鎮後瀝乾。
	雲南米線	又稱過橋米線，以新鮮大米為原料製成，市面上有乾燥及新鮮兩種可購買（新鮮通常需大量），於外觀上也與越南米線相似，但兩者放近一看，仍可發現雲南米線較越南米線粗一些。	⏱ 乾：泡軟煮2分鐘 米線先以冷水泡約20分鐘至軟，再放入滾水，以中火煮約2分鐘至熟撈起，並以冰水冰鎮後瀝乾。 ⏱ 新鮮（濕）：煮10秒 米線放入滾水，以中火汆燙約10秒撈起，並以冰水冰鎮後瀝乾。

外觀	種類	特性介紹	烹煮火候時間
乾 / 濕	越南河粉	以新鮮大米為原料製成的越南河粉，形狀為寬扁狀，口感為嫩滑順口，並且帶著米香，是越南菜的代表食物之一，市面上有乾燥及新鮮兩種可購買。	⏱乾：泡軟煮3～4分鐘 越南乾河粉先以冷水泡約30分鐘至軟，再放入滾水，以中火煮3～4分鐘至半透明狀撈起，並以冰水冰鎮後瀝乾。 ⏱新鮮（濕）：煮10秒 河粉放入滾水，以中火汆燙約10秒撈起，並以冰水冰鎮後瀝乾。
	越南米線	製造方法與口感和河粉類似的越南米線，差異在外觀不同，而越南河粉的外觀與雲南米線更為相似，同樣有乾燥及新鮮兩種可購買。	⏱乾：泡軟煮3～4分鐘 越南乾米線先以冷水泡約30分鐘至軟，再放入滾水，以中火煮3～4分鐘至半透明狀撈起，並以冰水冰鎮後瀝乾。 ⏱新鮮（濕）：煮10秒 米線放入滾水，以中火汆燙約10秒撈起，並以冰水冰鎮後瀝乾。
	蒟蒻麵	低卡應該就是蒟蒻麵給人最大的印象，主要是以葡萄糖與甘露醣所製成的水溶性纖維。口味清爽適合各式醬類的搭配，更是輕食主義者的最愛麵條。	⏱煮10秒 蒟蒻麵放入滾水中，以中火汆燙約10秒鐘撈起，並以冰水冰鎮後瀝乾。

西式麵條

外觀	種類	特性介紹	烹煮火候時間
	義大利直麵	「pasta」義大利麵的統稱 正統的義大利麵需以杜蘭麵粉所製成，而現今則由各種麵粉、穀物、水或加入雞蛋等所製成，都稱為「pasta」。義大利麵「pasta」可以細分成各式不同的麵類，比如直麵（spaghetti）、天使麵（capellini）、寬扁麵（linguine）、蝴蝶麵（farfalle）等。	⏲ 煮7分鐘 義大利直麵放入滾水，以中火煮約7分鐘至熟撈起，並以冰水冰鎮後瀝乾，再加入少許橄欖油拌勻。
	義大利天使麵		⏲ 煮3分鐘 義大利天使麵放入滾水，以中火煮約3分鐘至熟撈起，並以冰水冰鎮後瀝乾，再加入少許橄欖油拌勻。
	義大利通心麵	依麵體粗細選適合醬汁 義大利麵中最常入手的即是直麵，其原因是直麵為百搭，並且較貼近國人食用麵條的習慣，而其他種類的麵體，大原則建議以較粗厚的種類來搭配味道偏濃郁的醬汁，反之較細的麵體則搭配清爽一點的醬汁即可。	⏲ 煮7分鐘 義大利通心麵放入滾水，以中火煮約7分鐘至熟撈起，並以冰水冰鎮後瀝乾，再加入少許橄欖油拌勻。
	義大利蝴蝶麵		⏲ 煮7分30秒 義大利蝴蝶麵放入滾水，以中火煮約7分30秒至熟撈起，並以冰水冰鎮後瀝乾，再加入少許橄欖油拌勻。

外觀	種類	特性介紹	烹煮火候時間
	義大利寬扁麵	烹煮時間、鹽和水比例 食譜中建議的煮麵時間仍可依個人口感調整，想吃硬就烹煮時間短一點，吃軟些則多煮些時間。煮義大利麵的水量，建議至少是麵的10倍，並於水中加入鹽，比例為水100g：鹽1g。	⏱ 煮8分鐘 義大利寬麵放入滾水，以中火煮約8分鐘至熟撈起，並以冰水冰鎮後瀝乾，再加入少許橄欖油拌勻。
	義大利螺旋麵		⏱ 煮10分鐘 義大利螺旋麵放入滾水，以中火煮約10分鐘至熟撈起，並以冰水冰鎮後瀝乾，再加入少許橄欖油拌勻。
	義大利水管麵	動手做簡單有樂趣 市面上有許多種類的乾燥義大利麵，除了保存方便外，主要也是因為容易購買。而手工義大利麵則是需新鮮現做，所以保存期限很短，因此較不易購得，建議也可嘗試動手做，其實以小量製作來說是簡單且相當有樂趣。	⏱ 煮10分鐘 義大利水管麵放入滾水，以中火煮約10分鐘至熟撈起，並以冰水冰鎮後瀝乾，再加入少許橄欖油拌勻。

麵條好吃 5 大要訣

1訣：水要多水要滾

烹煮麵條需要足夠的水量，水能多些就多些，雖然會浪費一些瓦斯煮滾，但若水量不夠，則麵體無法在水中均勻熟成，建議可以是麵10倍以上的水量，再來就是水必須沸騰，除了可以快速讓麵條煮熟、不易煮爛外，更容易計算下次煮同款麵的參考時間。

2訣：掌握精準時間

麵的煮熟時間是第一要點，即使醬料、配料美味，而麵條沒熟或太熟，還是失敗的料理。熱愛義大利麵的我，最常在廚藝教學被問到，請問義大利麵要煮多久？每當學生提問時，我都會回答：「看包裝標示。」不是老師功力不夠，更不是心情不好，而是同一種麵類，只要不同公司出產、不同機器製作等，都會造成不一樣的熟成時間，所以最快的方法就是看包裝，再來就需要操作的經驗累積，這次煮太軟，下次就早點起鍋吧！幸運的是「煮麵」應該只需一、兩次經驗，就能掌握到精準的時間。

3訣：下水適時撥開

麵條非放入水裡就放任它自生自滅，需要適時將其撥開，以免麵體外層的麵粉造成相黏，導致沒熟或熟度不一。

▶ 同一種麵類，只要不同公司出產或機器製作等，都會影響熟成時間。

4訣：冰鎮保持Q彈

冰鎮可讓熟化的動作停止，也是讓麵體保持Q彈口感的重點，但需注意勿泡水太久（只要降溫，涼了立即撈起），以免過爛或麵體表面的孔洞因吸入太多冰鎮的水，反而無法吸進所搭配的醬汁。

5訣：防麵條彼此黏

煮麵水中加油？瀝乾後加油？或不加油？其實沒有一定答案，但可以確定的是煮麵水不需另外加油，因為若只為了防黏，只要以少量油拌入煮熟的麵條即可。麵條需要加油否？可以從兩個因素判斷。

麵條特性

如果麵體含油脂較多，則不必加油，最佳代表就是油麵。

食用時間

若冰鎮後立刻拌入醬汁，而醬汁又帶點油脂，就可省略拌油的步驟。

(亞 ✳ 洲) *ASIAN*　　2人

雞絲涼麵

材料 INGREDIENTS

食材

油麵	300g
雞胸肉	1片（100g）
小黃瓜	50g
紅蘿蔔	50g
雞蛋	1個

調味料

醬油	50g
細砂糖	30g
鹽	5g
白胡椒粉	2g

作法 STEP BY STEP

1 準備
小黃瓜切絲；紅蘿蔔去皮後切絲；雞蛋打入容器中攪成蛋汁；全部調味料拌勻即是醬汁，備用。

2 烹調
▸a 油麵放入滾水，以中火汆燙約10秒撈起，並以冰水冰鎮後瀝乾。
▸b 雞胸肉放入滾水，以小火煮約7分鐘至熟，撈起後泡入冰水冰鎮，待雞胸肉涼再剝成絲狀。
▸c 鍋中均勻抹上少許沙拉油，分次倒入蛋汁，以小火煎成薄蛋皮，盛出後切成蛋絲。

3 組合
油麵盛入盤中，放上雞絲、小黃瓜絲、紅蘿蔔絲與蛋絲，搭配醬汁一起食用即可。

煮好的雞胸肉放涼後再剝絲，也可換成火腿絲，有不同口感和風味。

炸醬涼麵

材料 INGREDIENTS

食材

白麵	200g
小黃瓜	30g
紅蘿蔔	30g
青蔥	5g

醬汁

炸醬＊	300g

 ＊炸醬 P.32

作法 STEP BY STEP

1 準備　小黃瓜切絲；紅蘿蔔去皮後切絲；青蔥切蔥花，備用。

2 烹調　白麵放入滾水，以中火煮約1～2分鐘至熟撈起，並以冰水冰鎮後瀝乾，再加入少許香油拌勻。

3 組合　白麵盛入盤中，淋上炸醬，再放上小黃瓜絲、紅蘿蔔絲與蔥花即可。

炫傑師叮嚀
◆ 白麵經過烹煮後，則重量是原來乾的約1.5倍。
◆ 白麵放入滾水，必須立即將麵條撥散，煮至麵條中心無白點即可。

＊芝麻醬 P.26

（亞 ＊ 洲）ASIAN

麻醬涼麵

2人

材料 INGREDIENTS

食材
油麵 ———————————— 300g
小黃瓜 ——————————— 40g
紅蘿蔔 ——————————— 40g
醬汁
芝麻醬＊ —————————— 160g
裝飾
香菜葉 ——————————— 1g

作法 STEP BY STEP

1
準備　紅蘿蔔去皮後切絲；小黃瓜切絲，備用。

2
烹調　油麵放入滾水，以中火汆燙約10秒撈起，並以冰水冰鎮後瀝乾。

3
組合　油麵盛入盤中，淋上芝麻醬，再放上小黃瓜絲與紅蘿蔔絲，最後裝飾香菜葉即可。

（炫傑師叮嚀）　◆ 拌芝麻醬後，若鹹度不夠，可以酌量加入鹽或醬油調整鹹度。

（亞 ✴ 洲）ASIAN

紅油涼麵

🍚 2人

✴紅油醬 P.31

材料 INGREDIENTS

食材

白麵	200g
蒜仁	20g
青蔥	10g
花生碎	10g
熟白芝麻	1g

醬汁

紅油醬＊	100g

作法 STEP BY STEP

1 準備　蒜仁切碎；青蔥切蔥花，備用。

2 烹調　白麵放入滾水，以中火煮約1～2分鐘至熟撈起，並以冰水冰鎮後瀝乾，再加入少許香油拌勻。

3 組合　白麵盛入盤中，淋上紅油醬，最後放上蒜碎、蔥花、花生碎與熟白芝麻即可。

（ 炫 傑 師 叮 嚀 ）　◆ 紅油醬是以油類為主體的醬汁，請於使用前攪拌均勻，以免油水分離，造成味道不均勻。

紅蔥肉燥涼麵

2人

材料 INGREDIENTS

食材
白麵 ——————— 200g
青蔥 ——————— 10g
水煮蛋（全熟）— 1個 → P.172
醬汁
紅蔥肉燥醬＊ ——— 300g

炫傑師叮嚀

◆ 白麵烹煮時間，寬的比細的長一些，仍以試吃麵條是否熟透後再撈起。

◆ 煮好的白麵較容易黏住，可於冰鎮撈起後拌入少許香油，也能增加香氣。

作法 STEP BY STEP

1 準備 青蔥切蔥花；水煮蛋切對半，備用。

2 烹調 白麵放入滾水，以中火煮約1～2分鐘至熟撈起，並以冰水冰鎮後瀝乾，再加入少許香油拌勻。

3 組合 白麵盛入盤中，淋上紅蔥肉燥醬，放上蔥花與水煮蛋即可。

＊紅蔥肉燥醬 P.33

京醬肉絲涼麵

🍚 2人

炫傑師叮嚀

◆ 豬里肌肉絲醃好後，若使用
燙熟再拌入京醬的方式，可
於汆燙前加入5g的太白粉
增加滑順口感。

材料 INGREDIENTS

食材

油麵	300g
豬里肌肉	150g
青蔥	20g
雞蛋	1個

醃料

鹽	2g
白砂糖	2g
白胡椒粉	1g
香油	2g
米酒	5g

醬汁

京醬 *	150g

＊京醬 P.31

沙拉油必須抹均勻，
煎好的蛋皮色澤
才會漂亮。

作法 STEP BY STEP

1 準備

▸a 青蔥切絲；雞蛋打入容器中攪成蛋汁，備用。

▸b 豬里肌肉切絲後，加入醃料攪拌均勻，醃漬5～10分鐘。

2 烹調

▸a 油麵放入滾水，以中火汆燙約10秒撈起，並以冰水冰鎮後瀝乾。

▸b 鍋中均勻抹上少許沙拉油，分次倒入蛋汁，以小火煎成薄蛋皮，盛出後切成蛋絲。

▸c 鍋中倒入少許沙拉油，加入作法1b的肉絲與京醬，以中火炒熟後放涼。

3 組合

油麵盛入盤中，放上京醬肉絲、蛋絲與蔥絲即可。

2a

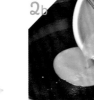

2b
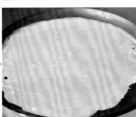

（亞☀洲）ASIAN

紹子涼麵

🍚 2人

材料 INGREDIENTS

食材
白麵 ——————————————— 200g
青蔥 ——————————————— 10g
醬汁
紹子醬* ——————————————— 300g

(炫傑師叮嚀)

◆ 製作紹子醬時，若加入的蔬菜種類較少，亦可於
盛盤時加入適量喜歡的蔬菜。一盤簡單的麵食料
理就能吃到各種蔬菜，更符合紹子麵的豐富飽足
精神。

作法 STEP BY STEP

1
準備 青蔥切蔥花備用。

2
烹調 白麵放入滾水，以中火煮約1～2分鐘
至熟撈起，並以冰水冰鎮後瀝乾，再加
入少許香油拌勻。

3
組合 白麵盛入盤中，淋上紹子醬，放上蔥花
即可。

* 紹子醬 P.34

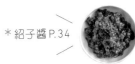

（亞 ✳ 洲）ASIAN

口水醬涼麵

2人

材料 INGREDIENTS

食材

白麵	200g
去骨雞腿	1支（250g）
青蔥	10g
紅辣椒	10g

醬汁

口水醬＊	100g

炫傑師叮嚀

◆ 此道料理以冷菜中的口水雞變化而成，若只是單純食用涼麵，亦可去除雞肉，或是更改為餛飩、魚片等食材，變化成各式料理。

作法 STEP BY STEP

1 準備　青蔥切絲；紅辣椒去籽後切絲，備用。

2 烹調
▸a 白麵放入滾水，以中火煮約1～2分鐘至熟撈起，並以冰水冰鎮後瀝乾，再加入少許香油拌勻。
▸b 去骨雞腿放入滾水，以小火煮約10分鐘至熟，撈起後泡入冰水冰鎮，待涼再切成片。

3 組合　白麵盛入盤中，放上雞腿肉片、青蔥絲與紅辣椒絲，淋上口水醬即可。

＊口水醬 P.29

雲南海鮮涼麵

材料 INGREDIENTS

食材

雲南米線（乾）	300g
紅蘿蔔	50g
紅辣椒	20g
蝦仁	100g
花生碎	20g
香菜葉	3g

醬汁

雲南酸甜醬*	100g

作法 STEP BY STEP

1 準備

▶a 雲南米線先以冷水泡約20分鐘至軟。

▶b 紅蘿蔔去皮後切絲；紅辣椒去籽後切絲；蝦仁挑出腸泥，備用。

2 烹調

▶a 蝦仁放入滾水，以中大火汆燙約30秒至熟，撈起後泡入冰水冰鎮，瀝乾備用。

▶b 泡軟的米線放入滾水，以中火煮約2分鐘至熟撈起，並以冰水冰鎮後瀝乾。

3 組合

米線盛入盤中，放上紅蘿蔔絲、紅辣椒絲與蝦仁，淋上雲南酸甜醬，再放上花生碎與香菜葉即可。

* 雲南酸甜醬
P.35

炫 傑 師 叮 嚀

◆ 若購買新鮮雲南米線，只需中火汆燙10秒撈起，並以冰水冰鎮後瀝乾。

2人

四川麻辣涼麵

材料 INGREDIENTS

食材

白麵	200g
黃豆芽	100g
青蔥	10g
熟白芝麻	1g
紅辣椒粉	1g

醬汁

川味麻辣肉醬 *	300g

＊川味麻辣肉醬 P.27

作法 STEP BY STEP

1 準備 黃豆芽去尾；青蔥切蔥花，備用。

2 烹調
▸a 黃豆芽放入滾水，以中火煮約1分鐘撈起，並以冰水冰鎮後瀝乾。
▸b 白麵放入滾水，以中火煮約1～2分鐘至熟撈起，並以冰水冰鎮後瀝乾，再加入少許香油拌勻。

3 組合 白麵盛入盤中，淋上川味麻辣肉醬，放上黃豆芽、蔥花與熟白芝麻，撒上紅辣椒粉即可。

（炫傑師叮嚀）

◆ 川味麻辣肉醬已有一定的辣度，因此最後撒上的紅辣椒粉可依個人能接受的辣度，斟酌加入涼麵中。

◆ 大家熟知的豆芽菜，大部分從黃豆、綠豆發芽而來，兩者最簡易的辨識方法就是黃豆比較大顆，則豆瓣較大、豆莖較粗，黃豆芽常見於川菜或韓式料理。

炫傑師叮嚀

◆ 蘋果泡入冰水可以防止氧化變褐色，排入涼麵時再瀝乾水分。

◆ 所配搭的食材亦可更換為海鮮口味，比如使用市售蟹肉棒或
壽司蝦代替火腿即可。

（亞 ✳ 洲）ASIAN   🍚 2人

彩蔬火腿和風醬涼麵

材料 INGREDIENTS

食材

油麵	300g
火腿片	80g
小番茄	30g
秋葵	50g
蘋果	1/2個（80g）
玉米粒罐頭	30g
熟白芝麻	2g

醬汁

和風醬*	120g

 *和風醬 P.36

作法 STEP BY STEP

1 準備
- ▸a 火腿片切絲；小番茄切半，備用。
- ▸b 秋葵去除蒂頭硬梗後，並將表面的細毛刷洗；蘋果去皮去籽後切絲，泡入冰水冰鎮，備用。

2 烹調
- ▸a 秋葵放入滾水，以大火煮約1分鐘，撈起後泡入冰水冰鎮。
- ▸b 油麵放入滾水，以中火汆燙約10秒撈起，並以冰水冰鎮後瀝乾。

3 組合
油麵盛入盤中，排上秋葵、火腿絲、蘋果絲與玉米粒，再放上小番茄與熟白芝麻，搭配和風醬一起食用。

＊味噌芝麻醬
P.35

（亞 ✳ 洲）ASIAN　　　　🍚 2人

味 噌 芝 麻 蒟 蒻 涼 麵

材料 INGREDIENTS

食材

蒟蒻麵	300g
火腿片	40g
黃甜椒	30g
溏心蛋	1個
海帶芽	1g
熟白芝麻	1g

醬汁

味噌芝麻醬＊	120g

作法 STEP BY STEP

1
準備　火腿片切絲；黃甜椒去籽切絲；溏心蛋切半，備用。

2
烹調
▸a 蒟蒻麵放入滾水中，以中火汆燙約10秒鐘撈起，並以冰水冰鎮後瀝乾。
▸b 海帶芽放入汆燙蒟蒻麵的滾水，以中火煮2分鐘，撈起後瀝乾備用。

3
組合　蒟蒻麵盛入盤中，放上火腿絲與黃甜椒絲，淋上味噌芝麻醬，最後放上溏心蛋、海帶芽與熟白芝麻即可。

（ 炫 傑 師 叮 嚀 ）

◆ 溏心蛋：雞蛋輕輕放入滾水，以中火煮約6分鐘即撈起，並以冰水冰鎮，待冷卻後剝除蛋殼，再浸泡於醬汁（冷開水6：醬油3：味醂1）約1天即可。

◆ 若只需半熟蛋（即半熟水煮蛋），則浸泡醬汁的作法可省略；全熟蛋則中火烹煮約12分鐘。

日式蕎麥涼麵

材料 INGREDIENTS

食材

蕎麥麵	200g
白蘿蔔	10g
青蔥	5g
海苔絲	2g
山葵醬（哇沙米）	2g

調味料

柴魚高湯	200g→P.60
醬油	40g
味醂	40g

作法 STEP BY STEP

1 準備
白蘿蔔去皮後磨成泥狀；青蔥切蔥花；全部調味料拌勻即醬汁，備用。

2 烹調
蕎麥麵放入滾水，以中火煮2～3分鐘至熟撈起，並以冰水冰鎮後瀝乾。

3 組合
蕎麥麵盛入盤中，放上白蘿蔔泥、山葵醬、蔥花與海苔絲，沾醬汁一起食用即可。

（ 炫 傑 師 叮 嚀 ）

◆ 蘿蔔泥製作完成後會慢慢發出臭味，製作完成後請儘早使用。

◆ 最後可撒上適量七味粉，增加辣度。

（亞 ✱ 洲）ASIAN

雞肉胡麻醬冷麵

2人

✱日式胡麻醬 P.37

材料 INGREDIENTS

食材
日式麵線 ————————————— 200g
雞胸肉 ——————————— 1片（100g）
小黃瓜 ——————————————— 50g
雞蛋 ——————————————— 1個
醬汁
日式胡麻醬✱ —————————— 100g
裝飾
青蔥絲 ——————————————— 5g
紅辣椒絲 —————————————— 3g

作法 STEP BY STEP

1 準備　小黃瓜切絲；雞蛋打入容器中攪成蛋汁，備用。

2 烹調
▸a 日式麵線放入滾水，以中火煮約90秒後撈起，並以冰水冰鎮後瀝乾，最後加入少許香油拌勻。
▸b 雞胸肉放入滾水，以小火煮約7分鐘至熟，撈起後泡入冰水冰鎮，待雞胸肉涼再切片。
▸c 鍋中均勻抹上少許沙拉油，分次倒入蛋汁，以小火煎成薄蛋皮，盛出後切成蛋絲。

3 組合　日式麵線盛入盤中，淋上日式胡麻醬，再鋪上雞肉片、小黃瓜絲與蛋絲，裝飾青蔥絲與紅辣椒絲即可。

炫傑師叮嚀
◆ 煎蛋皮的沙拉油必須抹均勻，煎好的蛋皮才會漂亮。
◆ 煮好的麵線較容易黏住，可於冰鎮撈起後拌入少許香油或麻油，也能增加香氣。

溏心蛋烏龍冷麵

2人

材料 INGREDIENTS

食材

烏龍麵	300g
溏心蛋	1個→P.162
青蔥	5g
海帶芽	1g
鮭魚卵	10g
海苔絲	1g
熟白芝麻	1g

湯汁

柴魚高湯	600g→P.60

作法 STEP BY STEP

1 準備
溏心蛋切半；青蔥切蔥花，備用。

2 烹調
▸a 烏龍麵放入滾水，以中火煮約1分鐘撈起，並以冰水冰鎮後瀝乾。
▸b 海帶芽放入煮麵的滾水，以中火煮2分鐘後撈起瀝乾備用。

3 組合
烏龍麵盛入碗中，淋上柴魚高湯，放上海帶芽、溏心蛋、鮭魚卵、海苔絲、熟白芝麻與蔥花即可。

炫傑師叮嚀　◆ 這道以湯麵的製作方式呈現，若想以沾麵方式，可參考日式蕎麥涼麵的醬汁（P.163）。

(亞 ✷ 洲) ASIAN

2人

壽喜燒牛肉冷拌麵

材料 INGREDIENTS

食材

烏龍麵	300g
牛五花肉片	120g
白蘿蔔	10g
洋蔥	30g
青蔥	30g
香菇	2朵
熟白芝麻	2g

醬汁

壽喜燒醬*	150g
柴魚高湯	80g→P.60

作法 STEP BY STEP

1 準備 白蘿蔔去皮後磨成泥狀；洋蔥去皮後切絲；青蔥切蔥花；每朵香菇表面切十字花刀，備用。

2 烹調
- a 烏龍麵放入滾水，以中火煮約1分鐘撈起，並以冰水冰鎮後瀝乾。
- b 壽喜燒醬和洋蔥絲放入平底鍋，以大火煮滾，再加入柴魚高湯煮滾，接著放入牛五花肉片與香菇，以大火汆燙約20秒後盛出放涼，高湯也放涼備用。

3 組合 烏龍麵盛入碗中，淋上作法2b放涼的高湯，放上洋蔥絲、牛五花肉片、香菇、蔥花與白蘿蔔泥即可。

炫傑師叮嚀

- 壽喜燒醬先煮滾，是為了將味醂與清酒的酒精散發掉，香氣更足。
- 汆燙牛肉的高湯會產生雜質，可於取出牛肉片與洋蔥絲後將雜質過濾乾淨，即成為拌麵醬汁，若不在意則能忽略過濾步驟。

*壽喜燒醬 P.40

＊ 越式涼拌醬
P.45

（亞 ✳ 洲）ASIAN

🥣 2人

越 式 涼 拌 鮮 蝦 河 粉

材料 INGREDIENTS

食材

越南河粉（乾）	200g
草蝦	16尾（180g）
豆芽菜	30g
紫洋蔥	20g
花生碎	5g

醬汁

越式涼拌醬＊	120g

裝飾

美生菜葉	5g
檸檬片	4片

作法 STEP BY STEP

1 準備

▸a 越南乾河粉先以冷水泡約30分鐘至軟。

▸b 草蝦去頭與外殼留尾，並開背去腸泥；豆芽菜去尾；
紫洋蔥去皮切絲，備用。

2 烹調

▸a 泡軟的河粉放入滾水，以中火煮3～4分鐘至半透
明狀撈起，並以冰水冰鎮後瀝乾。

▸b 草蝦與豆芽菜放入另一鍋滾水，以中大火煮1～2
分鐘至熟，撈起後泡入冰水冰鎮，瀝乾備用。

3 組合

盤中鋪上美生菜葉，放上瀝乾的河粉，再放上豆芽菜、
草蝦、紫洋蔥絲與花生碎，搭配越式涼拌醬，裝飾檸
檬片即可。

炫傑師叮嚀

◆ 紫洋蔥切絲後可先泡冰水，去除嗆味。

◆ 可依個人口味加入香菜碎與九層塔碎，一起食用更加道地口味。

◆ 若買到新鮮河粉，則放入滾水，以中火汆燙約10秒撈起，並以冰水冰鎮後瀝乾即可。

*是拉差越式辣醬 P.45

亞 ✳ 洲 ASIAN 　　　　　　🍚 2人

越式辣醬冷拌麵

材料 INGREDIENTS

食材
越南米線（乾）————————200g
牛五花肉片————————————120g
豆芽菜———————————————30g
香菜葉——————————————————5g
九層塔——————————————————3g
醬汁
是拉差越式辣醬* ——————120g

（炫傑師叮嚀）

◆ 若使用新鮮越南米線，則米線放入滾水，
以中火汆燙約10秒撈起，並以冰水冰鎮後
瀝乾。

◆ 這道食譜可用湯麵製作方式呈現，可於醬汁
中加入放涼的蔬菜高湯300g即可。

◆ 百搭的豆芽菜不僅在台灣小吃常見，也是涼
拌菜和冷麵的最佳配菜。

作法 STEP BY STEP

1
準備
▸a 越南乾米線先以冷水泡約30分鐘至軟。
▸b 豆芽菜去尾；九層塔去梗留葉，備用。

2
烹調
▸a 泡軟的米線放入滾水，以中火煮3～4
分鐘至半透明狀撈起，並以冰水冰鎮後
瀝乾。
▸b 豆芽菜放入另一鍋滾水，以中大火煮
1～2分鐘至熟，撈起後泡入冰水冰鎮，
瀝乾。
▸c 牛五花肉片放入煮黃豆芽的滾水，以大火
汆燙約20秒至熟，取出放涼備用。

3
組合
米線盛入盤中，放上牛肉片、豆芽菜，再淋
上是拉差越式辣醬，最後放上香菜葉與九層
塔即可。

（亞 ✳ 洲）ASIAN　　　🍚 2人

韓式辣醬拌麵

材料 INGREDIENTS

食材
油麵 —————————————— 300g
小黃瓜 ————————————— 100g
水煮蛋（全熟）————— 1個→ P.172
熟白芝麻 ——————————————— 1g
醬汁
韓式涼拌辣醬＊ ———————— 100g

作法 STEP BY STEP

1
準備
小黃瓜切絲；水煮蛋切約0.5公分片狀，備用。

2
烹調
油麵放入滾水，以中火氽燙約10秒撈起，並以冰水冰鎮後瀝乾。

3
組合
油麵盛入盤中，淋上韓式涼拌辣醬，再放上水煮蛋片與小黃瓜絲，最後撒上熟白芝麻即可。

＊韓式涼拌辣醬 P.40

（炫傑師叮嚀）

◆ 依照個人口味，酌量加入韓式涼拌辣醬。

韓式涼拌冬粉

2人

炫傑師叮嚀

◆ 菠菜若因季節性無法買
到，可以青椒取代。

材料 INGREDIENTS

食材

韓國冬粉	200g	菠菜	50g
透抽	180g	黑木耳	50g
紅蘿蔔	50g	蒜仁	10g
洋蔥	50g	熟白芝麻	3g

調味料

白砂糖	20g
醬油	30g
香油	5g

作法 STEP BY STEP

1
準備

▶a 韓國冬粉先以冷水泡約30分鐘至軟，剪成約15公分段狀。

▶b 透抽的頭和身體拔開，去除內臟與軟骨，洗淨後切圈狀；紅蘿蔔、洋蔥分別去皮後切絲；菠菜切段；黑木耳切絲；蒜仁切碎，備用。

▶c 調理盆中加入蒜碎和全部調味料，攪拌均勻即為醬汁。

2
烹調

▶a 泡軟的冬粉放入滾水，以中火煮3～4分鐘至半透明狀後撈起，並以冰水冰鎮後瀝乾。

▶b 鍋中倒入少許沙拉油，加入洋蔥絲、紅蘿蔔絲、菠菜段和黑木耳絲，以中火炒香，盛出放涼。

▶c 鍋中倒入少許沙拉油，放入透抽，以中火煎熟後盛出放涼。

3
組合

冬粉放入調理盆中，加入作法2蔬菜料和透抽，並倒入醬汁，拌勻後盛入盤中，撒上熟白芝麻即可。

🍜 2人

韓式泡菜冷湯麵

材料 INGREDIENTS

食材

韓國冬粉	200g
韓式泡菜	150g → P.95
小黃瓜	100g
水煮蛋（全熟）	1個

湯汁

蔬菜高湯	900g → P.59
韓式泡菜汁	150g → P.95
白砂糖	20g
白醋	15g
韓式芝麻油	8g

作法 STEP BY STEP

1 準備

▸a 韓國冬粉先以冷水泡約30分鐘至軟，剪成約15公分段狀。

▸b 泡菜切成3公分小塊；小黃瓜切絲；水煮蛋切約0.5公分片狀，備用。

▸c 調理盆中加入全部湯汁材料，攪拌均勻後放入冰箱冷藏。

2 烹調

泡軟的冬粉放入滾水，以中火煮3～4分鐘至半透明狀後撈起，並以冰水冰鎮後瀝乾。

3 組合

瀝乾的冬粉盛入盤中，放上韓式泡菜、小黃瓜絲與水煮蛋片，最後加入作法1c湯汁即可。

炫傑師叮嚀

◆ 這道食譜以湯麵方式呈現，冷湯切記放入冰箱冷藏後才會涼爽且味道濃郁。

◆ 水煮蛋：雞蛋輕輕放入滾水，以中火煮約12分鐘即撈起，並以冰水冰鎮，待冷卻後剝除蛋殼。

🍚 2人

牛腱韓式湯涼麵

材料 INGREDIENTS

食材

蕎麥麵	200g
川味牛腱	80g→P.86
水煮蛋（全熟）	1個→P.172
小黃瓜	100g
水梨	100g
熟白芝麻	1g
黃芥末醬	1g

湯汁

雞高湯	1000g→P.61
白砂糖	45g
白醋	45g
醬油	15g

作法 STEP BY STEP

1 準備

▶a 川味牛腱切片；水煮蛋切約0.5公分片狀；小黃瓜切絲；水梨切絲，備用。

▶b 調理盆中加入全部湯汁材料拌勻，取3/4放入冰箱冷藏、1/4放入冷凍備用。

2 烹調

蕎麥麵放入滾水，以中火煮2～3分鐘至熟撈起，並以冰水冰鎮後瀝乾。

3 組合

▶a 取出作法1b已冷凍的高湯，打成碎冰狀備用。

▶b 蕎麥麵盛入碗中，放上水梨絲、小黃瓜絲、水煮蛋片與牛腱片，再淋上湯汁與高湯碎冰，撒上熟白芝麻，食用時搭配黃芥末醬即可。

(炫傑師叮嚀)

◆ 高湯撈取少許放入冰箱冷凍成碎冰，為正統的韓式吃法。

◆ 等要組合食用時，再將冷凍高湯打成碎冰，避免太快溶化。

泰式涼拌海鮮河粉

🍚 2人

* 泰式酸辣醬 P.43

材料 INGREDIENTS

食材
越南乾河粉	200g
草蝦	6尾（180g）
透抽	180g
小番茄	30g
檸檬	20g
香菜葉	3g
花生碎	20g

醬汁
泰式酸辣醬*	100g

（炫傑師叮嚀）

◆ 煮海鮮可參考泰式酸辣拌海鮮
（P.109），於水中加入米酒與薑
片，可去除腥味。

作法 STEP BY STEP

1 準備

▸a 越南乾河粉先以冷水泡約30分鐘至軟。

▸b 透抽的頭和身體拔開，去除內臟與軟骨，洗淨後切圈狀；草蝦去頭與外殼留尾，並開背去腸泥，備用。

▸c 小番茄對半切；檸檬切片，備用。

2 烹調

▸a 泡軟的越南河粉放入滾水，以中火煮3～4分鐘至半透明狀撈起，並以冰水冰鎮後瀝乾。

▸b 透抽圈、草蝦放入滾水，以中大火煮1～2分鐘至熟撈起，泡入冰水冰鎮約1分鐘瀝乾。

3 組合

河粉盛入碗中，淋上泰式酸辣醬拌勻，放上草蝦、透抽圈、小番茄和花生碎，最後放上檸檬片與香菜葉即可。

泰式打拋涼麵

（亞　洲）ASIAN

2人

材料 INGREDIENTS

食材
白麵 ⋯⋯⋯⋯⋯⋯⋯⋯⋯⋯ 200g
醬汁
打拋豬肉醬＊ ⋯⋯⋯⋯⋯⋯ 300g
裝飾
九層塔葉 ⋯⋯⋯⋯⋯⋯⋯⋯ 1g

＊打拋豬肉醬
P.41

作法 STEP BY STEP

1 準備　白麵放入滾水，以中火煮1～2分鐘至熟撈起，並以冰水冰鎮後瀝乾，再加入少許香油拌勻。

2 組合　白麵盛入盤中，淋上打拋豬肉醬，裝飾九層塔葉即可。

（炫傑師叮嚀）

◆ 泰式打拋料理以酸、香、辣為特色，可另外準備檸檬擠汁與紅辣椒碎，依個人口味加入涼麵中。

泰式冬蔭功冷湯麵

炫傑師叮嚀

◆ 調味料中的檸檬汁，可依個人口味斟酌調整使用。

◆ 平葉巴西里外觀很像台灣常見的香菜，因此也被稱為「洋香菜」，它味道較強烈也能成為裝飾材料之一；捲葉巴西里氣味較淡，都能增加料理風味的層次。

材料 INGREDIENTS

食材

越南乾河粉	200g
草蝦	6尾（180g）
小番茄	40g
草菇	40g
香茅	10g
檸檬葉	2g

調味料

椰漿	50g
泰國冬蔭功配司	80g
是拉差香甜辣椒醬	40g
白砂糖	30g
檸檬汁	30g
魚露	20g
水	700g

裝飾

平葉巴西里	1g

作法 STEP BY STEP

1 準備

▸a 越南乾河粉先以冷水泡約30分鐘至軟。

▸b 草蝦去尾與外殼，並開背去腸泥；小番茄對半切；草菇切片，備用。

2 烹調

▸a 準備一個湯鍋，加入椰漿外的全部調味料，以中小火煮至配司與香甜辣椒醬於湯中溶解，再加入香茅、檸檬葉，續煮約5分鐘。

▸b 接著放入草蝦、草菇和小番茄，轉中大火煮1～2分鐘至熟，最後倒入椰漿拌勻即可關火，放涼備用。

▸c 將泡軟的越南河粉放入滾水，以中火煮3～4分鐘至半透明狀撈起，並以冰水冰鎮後瀝乾。

3 組合

河粉盛入碗中，再平均放入煮好的材料與湯汁，裝飾平葉巴西里即可。

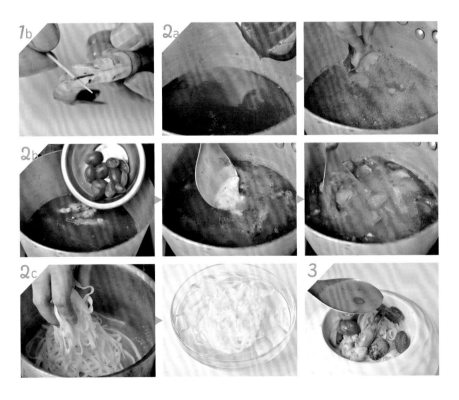

沙嗲肉片涼麵

（亞 洲）ASIAN

2人

材料 INGREDIENTS

食材
油麵 ————————————— 300g
豬五花肉片 ————————— 100g
醬汁
沙嗲醬* ————————————— 300g
裝飾
青蔥絲 —————————————— 2g
紅辣椒絲 ————————————— 2g
香菜葉 ——————————————— 1g
義大利巴薩米克醋 ————— 3g

＊沙嗲醬 P.42

作法 STEP BY STEP

1 準備

▶a 油麵放入滾水，以中火汆燙約30秒後撈起，並以冰水冰鎮後瀝乾。

▶b 鍋中倒入少許沙拉油加熱，放入豬五花肉片與沙嗲醬，以中小火炒熟後放涼。

2 組合

▶a 油麵盛入盤中，放上作法1b肉片沙嗲醬。

▶b 再裝飾青蔥絲、紅辣椒絲和香菜葉，用少許義大利巴薩米克醋在盤上隨意畫上幾條線即可。

（炫傑師叮嚀）

◆ 肉類可依個人喜好改換為雞肉、牛肉、羊肉等，都非常適合。

◆ 豬五花肉片與沙嗲醬於鍋中同炒時，請控制火候，中小火拌炒可避免焦鍋。

🍽 2人

燻鮭魚莎莎天使麵

材料 INGREDIENTS

食材

義大利天使麵	200g
煙燻鮭魚	30g
鮭魚卵	5g

醬汁

莎莎醬＊	100g

裝飾

食用花	1g
菜苗	1g

作法 STEP BY STEP

1 準備
義大利天使麵放入滾水，以中火煮約3分鐘至熟撈起，並以冰水冰鎮後瀝乾，再加入少許橄欖油拌勻。

2 組合
義大利天使麵盛入盤中，拌入莎莎醬後捲起，再放上煙燻鮭魚與鮭魚卵，裝飾食用花與菜苗即可。

＊莎莎醬 P.46

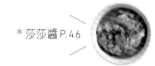

炫傑師叮嚀

◆ 各家廠牌義大利麵的烹煮時間有些微差異，仍以包裝上所標示的時間為參考值。

◆ 煮義大利麵的水量，建議至少是麵的10倍，並可於水中加入鹽，比例為水100g：鹽1g。

青醬海鮮義大利冷麵

材料 INGREDIENTS

食材
義大利直麵 —————————— 200g
草蝦 ———————— 6尾（150g）
透抽 ———————— 1尾（200g）
醬汁
義大利青醬 * ——————————— 80g
裝飾
松子 ———————————————— 4g
九層塔葉 ————————————— 2g

炫傑師叮嚀
◆ 建議將義大利麵冰鎮並瀝乾後立刻拌入青醬，因為青醬製作已有不少油量，可省略作法2最後拌入的橄欖油。
◆ 運用透明玻璃杯盛裝義大利麵，能讓料理看起來更精緻，並成為餐會或派對餐點之一。

作法 STEP BY STEP

1 準備
▶a 透抽的頭和身體拔開，去內臟與軟骨後洗淨，切圈狀；草蝦去外殼並開背去腸泥，備用。
▶b 草蝦、透抽圈放入滾水，以大火燙約30秒熟後撈起，並以冰水冰鎮後瀝乾。

2 烹調
義大利直麵放入滾水，以中火煮約7分鐘至熟後撈起，並以冰水冰鎮後瀝乾，再加入少許橄欖油拌勻備用。

3 組合
義大利直麵拌入義大利青醬後盛盤，再放上海鮮，裝飾松子、九層塔葉即可。

* 義大利青醬 P.50

（西 ＊ 式）WESTERN

義式果醋彩蔬冷麵

2人

＊義式果醋醬 P.52

材料 INGREDIENTS

食材

義大利直麵	200g
草莓	60g
火龍果	60g
奇異果	60g
蘋果	60g

醬汁

義式果醋醬＊	70g

裝飾

生菜葉	5g
紫高麗菜芽	3g

炫傑師叮嚀

◆ 材料中的水果，可使用任何當季水果來搭配。

◆ 更方便的作法，可直接取一個容器，加入義
大利麵、義式果醋醬與新鮮水果丁後，直接
攪拌均勻即可食用。

作法 STEP BY STEP

1 準備

▶a 草莓去蒂頭後對切；奇異果、火龍果分
別去皮後切約2公分丁狀，備用。

▶b 蘋果去皮去籽後切約2公分丁狀，並
泡入冰水冰鎮。

2 烹調

義大利直麵放入滾水，以中火煮約7分鐘
至熟撈起，並以冰水冰鎮後瀝乾，再加入
少許橄欖油拌勻。

3 組合

▶a 竹籤分別串上草莓、蘋果、奇異果與火
龍果備用。

▶b 義大利麵盛入盤中，裝飾生菜葉與紫高
麗菜芽，將水果串放在生菜葉上，搭配
義式果醋醬一起食用。

義式肉醬冷拌麵

（西式）WESTERN

🍚 2人

材料 INGREDIENTS

食材

義大利寬扁麵	200g
帕瑪森起司粉	20g
捲葉巴西里	3g

醬汁

義大利肉醬＊	160g

炫傑師叮嚀

◆ 義大利肉醬屬於口味較重的醬汁，更適合搭配較粗體種類的義大利麵。

作法 STEP BY STEP

1 準備
捲葉巴西里切碎備用。

2 烹調
義大利寬麵放入滾水，以中火煮約8分鐘至熟撈起，並以冰水冰鎮後瀝乾，再加入少許橄欖油拌勻。

3 組合
義大利寬扁麵盛入盤中，拌入義大利肉醬，再撒上帕瑪森起司粉與捲葉巴西里碎即可。

 ＊義大利肉醬 P.49

墨西哥莎莎醬拌麵

（西式）WESTERN

2人

炫傑師叮嚀

◆ 辣椒水味道辣中帶點酸味，
可依個人口味調整使用量。

材料 INGREDIENTS

食材
義大利直麵 —————— 200g
雞胸肉 ————— 1片（100g）
醃料
白酒 —————————— 5g
鹽 ——————————— 1g
白胡椒粉 ———————— 1g
醬汁
莎莎醬* ———————— 100g
辣椒水（Tabasco）——— 10g
裝飾
平葉巴西里 ————————— 2g

作法 STEP BY STEP

1 準備
雞胸肉以醃料抓勻，醃漬約10分鐘備用。

2 烹調
▸a 義大利直麵放入滾水，以中火煮約7分鐘至熟撈起，
並以冰水冰鎮後瀝乾，再加入少許橄欖油拌勻。
▸b 醃漬好的雞胸肉放入烤箱，以180℃烘烤約15分
鐘至熟，取出待涼再切片。

3 組合
調理盆中放入莎莎醬與辣椒水混合，加入義大利直麵
拌勻，盛盤，再放上雞肉片，裝飾平葉巴西里即可。

＊莎莎醬 P.46

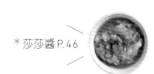

183

千島沙拉螺旋麵

材料 INGREDIENTS

食材

義大利螺旋麵	200g
紅甜椒	20g
黃甜椒	20g
青花菜	40g
小番茄	40g
黑橄欖	20g

醬汁

千島醬 *	100g

炫傑師叮嚀

◆ 千島醬含酸黃瓜碎，酸味較強，多注意搭配的材料，不需再使用太酸的食材。

作法 STEP BY STEP

1 準備
紅甜椒、黃甜椒分別去籽後切絲；青花菜切小朵後削除老皮處；小番茄切圓片；黑橄欖切圓片，備用。

2 烹調
▶a 青花菜放入滾水中，以大火汆燙約30秒，再加入紅色與黃色甜椒，汆燙10秒即可與青花菜一起撈起，泡入冰水冰鎮至涼。
▶b 義大利螺旋麵放入滾水，以中火煮約10分鐘至熟撈起，並以冰水冰鎮後瀝乾，再加入少許橄欖油拌勻。

3 組合
義大利螺旋麵盛入盤中，拌入千島醬，放上瀝乾的紅甜椒、黃甜椒和青花菜，並放上小番茄和黑橄欖即可。

＊千島醬 P.47

（西 ✳ 式）WESTERN　　　　　　　　🍲 2人

法式松露天使冷麵

材料 INGREDIENTS

食材

義大利天使麵	200g
蘑菇	80g
洋蔥	20g
蒜仁	10g
捲葉巴西里	2g
無鹽奶油	10g

醬汁

松露風味醬＊	50g

裝飾

食用花	1g
酸模	1g
食用金箔	1g

作法 STEP BY STEP

1 準備
蘑菇切花刀；洋蔥去皮後切碎；蒜仁切碎；捲葉巴西里切碎，備用。

---

2 烹調

▶a 鍋中放入奶油，加入洋蔥碎，以小火炒香，再放入蒜仁與蘑菇花，以中火煎炒至蘑菇出水，轉大火收乾水分即關火，待尚有溫度，加入松露風味醬，攪拌均勻。

▶b 義大利天使麵放入滾水，以中火煮約3分鐘至熟撈起，並以冰水冰鎮後瀝乾，再加入少許橄欖油拌勻。

---

3 組合
義大利天使麵和作法2a的松露風味醬拌勻，盛盤，再放上煎香的蘑菇花，裝飾食用花、酸模與食用金箔即可。

＊松露風味醬 P.52

（炫傑師叮嚀）

◆ 松露醬不需過多加熱，只需些微熱度將其香氣帶出即可。

◆ 若天使麵瀝乾後立刻拌入松露風味醬，則可省略作法2b的加入少許橄欖油步驟。

凱薩醬通心冷麵

（西 * 式）WESTERN

2人

材料 INGREDIENTS

食材

義大利通心麵	200g
德式香腸	40g
白花椰菜	40g
小番茄	20g
帕瑪森起司粉	10g

醬汁

凱薩醬*	100g

裝飾

烤麵包丁	5g
蘿蔓生菜	5g
食用花	1g
酸模	1g

*凱薩醬 P.48

作法 STEP BY STEP

1 準備 德式香腸切圈片狀；白花椰菜切小朵狀後削除老皮處；小番茄對切，備用。

2 烹調

▸a 白花椰花菜放入滾水，以大火煮約1分鐘，再加入德式香腸，汆燙10秒即可與白花椰菜一起撈起，泡入冰水冰鎮至涼。

▸b 義大利通心麵放入滾水，以中火煮約7分鐘至熟撈起，並以冰水冰鎮後瀝乾，再加入少許橄欖油拌勻。

3 組合

▸a 調理盆中放入義大利通心麵、德式香腸和瀝乾的白花椰菜，並加入凱薩醬，攪拌均勻後盛於蘿蔓生菜上。

▸b 接著撒上帕瑪森起司粉、小番茄，裝飾烤麵包丁、食用花、酸模即可。

(炫傑師叮嚀)

◆ 凱薩醬已有醃漬鯷魚、起司等皆有鹹度的材料，可拌好後再調整味道。

◆ 加入烤麵包丁能增加口感，可挑選法國麵包或吐司烤，以180℃烘烤約5分鐘。

◆ 酸模最大特徵是綠葉有深紅色的葉脈，咀嚼後帶點微酸淡淡檸檬香氣，可用於蔬菜沙拉或配菜，亦可打碎成調味醬汁，或是擺盤裝飾，增添料理的色香味。

鮭魚卵柚香果醋冷麵

（創 ※ 意）CREATIVITY

🍚 2人

材料 INGREDIENTS

食材
蕎麥麵	300g
小黃瓜	30g
雞蛋	1個
鮭魚卵	3g
海苔絲	1g

醬汁
柚香果醋醬 *	100g

（炫傑師叮嚀）

◆ 這道冷麵料理也可以用日式沾麵
　方式食用，別有一番風味。

作法 STEP BY STEP

1 準備
小黃瓜切絲；雞蛋打入容器中攪成蛋汁，備用。

2 烹調
▶a 鍋中均勻抹上少許沙拉油，分次倒入蛋汁，以小
　火煎成薄蛋皮，盛出後切成蛋絲。
▶b 蕎麥麵放入滾水，以中火煮2～3分鐘至熟撈
　起，並以冰水冰鎮後瀝乾。

3 組合
蕎麥麵盛入碗中，放上小黃瓜絲與蛋絲，淋上柚香果
醋醬，再撒上鮭魚卵和海苔絲即可。

＊柚香果醋醬 P.54

＊起司奶醬 P.57

<ruby>創<rt></rt></ruby><ruby>意<rt></rt></ruby> 培根起司水管麵 CREATIVITY

2人

材料 INGREDIENTS

食 材
義大利水管麵 ————————— 200g
培根 —————————————— 60g
蘆筍 —————————————— 50g
芝麻葉 ————————————— 20g
無鹽奶油 ———————————— 10g
帕瑪森起司粉 ————————— 1g
醬 汁
起司奶醬＊ ———————————— 160g
裝 飾
酸模 —————————————— 1g

<ruby>炫<rt></rt></ruby><ruby>傑<rt></rt></ruby><ruby>師<rt></rt></ruby><ruby>叮<rt></rt></ruby><ruby>嚀<rt></rt></ruby>

◆ 培根必須以小火慢慢炒至出油微
　焦，如此香氣才足夠。
◆ 起司奶醬冰箱存放後若變硬，可
　於使用前再加入適量動物性鮮奶
　油拌至軟化即可。

作法 STEP BY STEP

1 準備
培根切約2公分片狀；蘆筍去皮及根部後切
約2公分段；芝麻葉去梗後撕成小片，備用。

2 烹調
▸a 蘆筍放入滾水，以大火煮約1分鐘，撈起
　　後泡入冰水冰鎮至涼。
▸b 義大利水管麵放入滾水，以中火煮約10
　　分鐘至熟撈起，並以冰水冰鎮後瀝乾，
　　再加入少許橄欖油拌勻。
▸c 鍋中倒入無鹽奶油，加入培根片，以小
　　火炒香，再加入起司奶醬，炒勻並煮滾，
　　關火待涼。

3 組合
義大利水管麵盛入盤中，淋上作法2c的起
司奶醬，再放上芝麻葉和瀝乾的蘆筍，撒上
起司粉，裝飾酸模即可。

🍚 2人

南瓜白醬冷麵

材料 INGREDIENTS

食材
義大利直麵 ————————— 200g
南瓜（去皮去籽後淨重） ——— 60g
醬汁
南瓜白醬＊ ———————— 100g
裝飾
捲葉巴西里 ———————— 2g
小番茄 —————————— 10g
鮮奶泡 —————————— 10g

＊南瓜白醬 P.55

作法 STEP BY STEP

1 準備
已去皮去籽的南瓜切塊備用。

2 烹調
▸a 南瓜塊放入烤箱，以180℃烘烤約10分鐘至熟，取出待涼備用。
▸b 義大利直麵放入滾水，以中火煮約7分鐘至熟撈起，並以冰水冰鎮後瀝乾，再加入少許橄欖油拌勻。

3 組合
▸a 調理盆中放入義大利直麵，拌入南瓜白醬後盛入碗中或平盤。
▸b 再放上南瓜塊，裝飾捲葉巴西里、小番茄與鮮奶泡即可。

（ 炫傑師叮嚀 ）

◆ 南瓜白醬味道較濃郁，可依個人口味調整使用量。

◆ 南瓜醬冰箱存放後若變硬，可於使用前再加入適量動物性鮮奶油，拌至軟化即可。

◆ 鮮奶泡製作：太少量鮮奶不易打奶泡，建議至少取約100g鮮奶倒入奶泡壺，抽拉奶泡壺拉把大約15～20下即完成，剩下的鮮奶泡可以拿來加咖啡或飲品。

（創 * 意）CREATIVITY

炸蝦佐塔塔醬冷拌麵

2人

材料 INGREDIENTS

食材

烏龍麵	300g
草蝦	6尾（180g）
海苔絲	1g
苜宿芽	2g

醃料

雞蛋	1個
鹽	1g
白胡椒粉	1g
中筋麵粉	40g
麵包粉	60g

醬汁

川味辣醬 *	100g
塔塔醬 *	60g

* 川味辣醬　P.26

* 塔塔醬　P.53

作法 STEP BY STEP

1 準備

▶a 雞蛋打入容器中攪成蛋汁；草蝦去頭去外殼留尾後，開背去腸泥，撒上醃料的鹽、白胡椒粉，備用。

▶b 將草蝦依序均勻沾上麵粉、蛋液、麵包粉，形成麵衣備用。

2 烹調

▶a 鍋中倒入炸油後加熱至180℃，將裹麵衣的草蝦放入油鍋，油炸至金黃色且熟，撈起瀝油備用。

▶b 烏龍麵放入滾水，以中火煮約1分鐘撈起，並以冰水冰鎮後瀝乾。

3 組合

▶a 烏龍麵盛入碗中或平盤，淋上川味辣醬，撒上海苔絲。

▶b 取一個平盤，苜蓿芽鋪底，放上炸蝦和塔塔醬，再搭配烏龍麵一起食用。

塔塔醬除了當作炸蝦沾醬外，亦可加入川味烏龍麵中，除了能解辣外，也可增加不同口感與吃法。

炫傑師叮嚀

◆ 油炸較常使用的溫度大約160～180℃，此時的溫度可用香菜葉、蔥花等放入測試，並於放入油鍋後，食材會於3秒內浮起；或以竹筷放入油中測試，當筷子周邊出現許多泡泡，也代表油溫已達到180℃左右。

鯷魚醬蝴蝶冷麵

（創 ✳ 意）CREATIVITY

2人

材料 INGREDIENTS

食材

義大利蝴蝶麵	200g
櫛瓜	40g
小番茄	20g
醃漬鯷魚罐頭	4片（10g）

醬汁

酒香鯷魚醬 ✳	100g

裝飾

食用花	2g
菜苗	2g
酸模	2g

✳ 酒香鯷魚醬 P.56

作法 STEP BY STEP

1 準備 櫛瓜去頭尾後，以削皮刀垂直削成長薄片狀；小番茄對切，備用。

2 烹調
▸a 義大利蝴蝶麵放入滾水，以中火煮約7分至熟，再放入櫛瓜片汆燙30秒。
▸b 櫛瓜片和蝴蝶麵一起撈起，並以冰水冰鎮後瀝乾，蝴蝶麵加入少許橄欖油拌勻。

3 組合
▸a 調理盆中放入義大利蝴蝶麵，拌入酒香鯷魚醬後盛盤，放上醃漬鯷魚、小番茄。
▸b 櫛瓜片捲好後放於作法3a盤上，裝飾食用花、菜苗和酸模即可。

（炫 傑 師 叮 嚀）
◆ 市售的蝴蝶麵有單色、彩色款，可依喜好選購來使用。
◆ 酸模最大特徵是綠葉有深紅色的葉脈，咀嚼後帶點微酸淡淡檸檬香氣，可用於蔬菜沙拉或配菜，亦可打碎成調味醬汁，或是擺盤裝飾，增添料理的色香味。

🍚 2 人

梅汁蕎麥涼麵

材料 INGREDIENTS

食材
蕎麥麵 —————— 200g
紫蘇梅 —————— ª 4 顆
熟白芝麻 —————— 2g
海苔絲 —————— 1g
醬汁
梅汁 ✳ —————— 120g

作法 STEP BY STEP

1 蕎麥麵放入滾水，以中火煮2～3分鐘至熟撈起，並以冰
烹調　水冰鎮後瀝乾。

2 蕎麥麵盛入盤中，淋上梅汁，再放上紫蘇梅、海苔絲與熟
組合　白芝麻即可。

炫傑師叮嚀

◆ 蕎麥麵的麵體容易吸收醬汁而造成口感不佳，若不立
　刻食用，建議梅汁以沾醬的方式搭配，避免蕎麥麵泡
　在梅汁中太久而軟爛。

✳ 梅汁 P.57

五味八珍的餐桌
——品牌故事——

60 年前，傅培梅老師在電視上，示範著一道道的美食，引領著全台的家庭主婦們，第二天就能在自己家的餐桌上，端出能滿足全家人味蕾的一餐，可以說是那個時代，很多人對「家」的記憶，對自己「母親味道」的記憶。

程安琪老師，傳承了母親對烹飪教學的熱忱，年近 70 的她，仍然為滿足學生們對照顧家人胃口與讓小孩吃得好的心願，幾乎每天都忙於教學，跟大家分享她的烹飪心得與技巧。

安琪老師認為：烹飪技巧與味道，在烹飪上同樣重要，加上現代人生活忙碌，能花在廚房裡的時間不是很穩定與充分，為了能幫助每個人，都能在短時間端出同時具備美味與健康的食物，從 2020 年起，安琪老師開始投入研發冷凍食品。

也由於現在冷凍科技的發達，能將食物的營養、口感完全保存起來，而且在不用添加任何化學元素情況下，即可將食物保存長達一年，都不會有任何質變，「急速冷凍」可以說是最理想的食物保存方式。

在歷經兩年的時間裡，我們陸續推出了可以用來做菜，也可以簡單拌麵的「鮮拌醬料包」、同時也推出幾種「成菜」，解凍後簡單加熱就可以上桌食用。

我們也嘗試挑選一些熟悉的老店，跟老闆溝通理念，並跟他們一起將一些有特色的菜，製成冷凍食品，方便大家在家裡即可吃到「名店名菜」。

傳遞美味、選材惟好、注重健康，是我們進入食品產業的初心，也是我們的信念。

冷凍醬料做美食

程安琪老師研發的冷凍調理包，讓您在家也能輕鬆做出營養美味的料理。

冷凍醬料的
5 大優點

省調味 × 超方便 × 輕鬆煮 × 多樣化 × 營養好

選用國產天麴豬，符合潔淨標章認證要求，我們在材料和製程方面皆嚴格把關，保證提供令大眾安心的食品。

程安琪

冷凍醬料調理包　　冷凍家常菜

香菇蕃茄紹子

歷經數小時小火慢熬蕃茄，搭配香菇、洋蔥、豬絞肉，最後拌炒獨家私房蘿蔔乾，堆疊出層層的香氣，讓每一口都衝擊著味蕾。

雪菜肉末

台菜不能少的雪裡紅拌炒豬絞肉，全雞熬煮的雞湯是精華更是秘訣所在，經典又道地的清爽口感，叫人嘗過後欲罷不能。

一品金華雞湯

使用金華火腿（台灣）、豬骨、雞骨熬煮八小時打底的豐富膠質湯頭，再用豬腳、土雞燜燉2小時，並加入干貝提升料理的鮮甜與層次。

麻辣紹子

麻與辣的結合，香辣過癮又銷魂，採用頂級大紅袍花椒，搭配多種獨家秘製辣椒配方，雙重美味、一次滿足。

北方炸醬

堅持傳承好味道，鹹甜濃郁的醬香，口口紮實、色澤鮮亮、香氣十足，多種料理皆可加入拌炒，迴盪在舌尖上的味蕾，留香久久。

靠福‧烤麩

一道素食者可食的家常菜，木耳號稱血管清道夫，花菇為菌中之王，綠竹筍含有豐富的纖維質。此菜為一道冷菜，亦可微溫食用。

3種快速解凍法

想吃熱騰騰的餐點，就是這麼簡單

1. 回鍋解凍法
將醬料倒入鍋中，用小火加熱至香氣溢出即可。

2. 熱水加熱法
將冷凍調理包放入熱水中，約2～3分鐘即可解凍。

3. 常溫解凍法
將冷凍調理包放入常溫水中，約5～6分鐘即可解凍。

私房菜

純手工製作，交期較久，如有需要請聯繫客服
02-23771163

程家大肉

紅燒獅子頭

頂級干貝 XO 醬

世界涼菜冷麵食堂

3步驟完成×42款百搭醬料，餐餐端出開胃人氣佳餚！

書　　　名	世界涼菜冷麵食堂： 3 步驟完成 X 42 款百搭醬料 X 簡易盤飾， 餐餐端出開胃人氣佳餚！
作　　　者	馮炫傑
資深主編	葉菁燕
封面設計	ivy_design
內頁美編	ivy_design
攝　　　影	周禎和

發 行 人	程安琪
總 編 輯	盧美娜
美術編輯	博威廣告
製作設計	國義傳播
發 行 部	侯莉莉
財 務 部	許麗娟
印　　務	許丁財
法律顧問	樸泰國際法律事務所許家華律師

藝文空間	三友藝文複合空間
地　　址	106 台北市大安區安和路二段 213 號 9 樓
電　　話	（02）2377-1163

出 版 者	橘子文化事業有限公司
總 代 理	三友圖書有限公司
地　　址	106 台北市安和路 2 段 213 號 9 樓
電　　話	（02）2377-1163、（02）2377-4155
傳　　真	（02）2377-1213、（02）2377-4355
E-mail	service@sanyau.com.tw
郵政劃撥	05844889 三友圖書有限公司

總 經 銷	大和書報圖書股份有限公司
地　　址	新北市新莊區五工五路 2 號
電　　話	（02）8990-2588
傳　　真	（02）2299-7900

初　　版　2023 年 05 月

定　　價　新臺幣 499 元
I S B N　978-986-364-198-8（平裝）

國家圖書館出版品預行編目(CIP)資料

世界涼菜冷麵食堂：3步驟完成X42款百搭醬料X簡易盤
飾,餐餐端出開胃人氣佳餚!/馮炫傑作. -- 初版. –
臺北市：橘子文化事業有限公司, 2023.05
面；公分
ISBN 978-986-364-198-8(平裝)

1.食譜 2.小菜冷盤 3.麵食

427.1　　　　　　　　　　　112002842

三友官網

三友 Line@